传家·知识

让青少年受益一生的

博弈学知识

褚泽泰 编著

北京出版集团
北京出版社

图书在版编目(CIP)数据

让青少年受益一生的博弈学知识／褚泽泰编著．—北京：北京出版社，2014.1
（传家·知识）
ISBN 978-7-200-10271-0

Ⅰ.①让… Ⅱ.①褚… Ⅲ.①博弈论—青年读物②博弈论—少年读物 Ⅳ.①O225-49

中国版本图书馆CIP数据核字（2013）第281006号

传家·知识
让青少年受益一生的博弈学知识
RANG QING-SHAONIAN SHOUYI YISHENG DE BOYIXUE ZHISHI
褚泽泰　编著

*

北　京　出　版　集　团 出版
北　京　出　版　社
（北京北三环中路6号）
邮政编码：100120

网　　址：www.bph.com.cn
北 京 出 版 集 团 总 发 行
新　华　书　店　经　销
三河市同力彩印有限公司印刷

*

787毫米×1092毫米　16开本　12.5印张　170千字
2014年1月第1版　2023年2月第4次印刷
ISBN 978-7-200-10271-0
定价：32.00元
如有印装质量问题，由本社负责调换
质量监督电话：010-58572393
责任编辑电话：010-58572775

前　言

　　美国第九任总统威廉·哈里逊小时候家里很贫穷，他沉默寡言，家乡的人们甚至认为他是个傻孩子。有一次，一个人跟他开玩笑，拿一枚五美分的硬币和一枚一美元的硬币放在他的面前让他挑，说挑哪个就送他哪个。哈里逊看了看，挑了五美分的硬币。这一举动逗得人们哈哈大笑，都以为哈里逊是个傻小孩。

　　这事很快在当地传开了，很多人饶有兴致地来看这个"傻小孩"，并拿来五美分和一美元的硬币让他挑。每次，哈里逊都是拿那枚五美分的，而不拿一美元的。一位女子看他这样可怜，就问他："你难道真的不知道哪个更值钱吗？"哈里逊回答说："当然知道，夫人，可是我拿了一美元的硬币，他们就再也不会把硬币摆在我面前，那么，我就连五美分也拿不到了。"

　　哈里逊无疑是智慧的，从局部来看他是吃了点亏，但从结果来看，他所获得的益处是更大的。其实，这个故事中，哈里逊就运用了博弈理论的精髓：放弃局部，以赢得更长远的利益。

　　广义上讲，博弈论，又称对策论，是使用严谨的数学模型研究冲突对抗条件下最优决策问题的理论。作为一门正式学科，博弈论是在20世纪40年代形成并发展起来的。它原是数学运筹学中的一个支系，用来处理战略博弈参与者最理想的行为和决定结局的均衡，或是帮助具有理性的竞赛者找到他们应采用的最佳策略。通过博弈，每个参与者都在特定条件下争取其最大利益。

虽然博弈论是作为数学的一个分支出现的，但是它在军事、政治、经济等方面都有很多重要的运用，生物学家使用博弈理论来理解和预测进化论的某些结果。其在经济学领域的运用最多也最成功。20世纪与21世纪之交，博弈论研究专家接二连三地获得诺贝尔奖。1994年度和1996年度的诺贝尔经济学奖，由纳什、维克瑞、海萨尼等博弈论专家分享。2005年10月，诺贝尔奖评选委员会又宣布将该年度的诺贝尔经济学奖授予博弈论研究专家罗伯特·奥曼和托马斯·谢林。这更加凸显了博弈论在促进人类文明发展方面所作出的卓越贡献。

也许有人困惑，在学术界尚且显得神乎其神的博弈理论怎么能够在现实生活中派上用场呢？这个问题正如经济学家茅于轼所说："我从事研究有一个信条，即不论多深奥的理论，如果透彻地理解了它，必定可以还原为日常生活中的现象。"大道至简，最博大的理论，必定能够用一句最简单的话解释清楚，博弈论就是这样；最精深的艺术，往往能被大多数人理解和掌握。博弈又称博戏，是一门古老的游戏。千百年来，博弈与人们的生活紧紧相连，从围棋、象棋到麻将、纸牌，再到各种各样的彩票游戏。

事实上，博弈过程本来就是一种日常现象。在日常生活中，我们每个人的行为对他人的利益影响很大，每个人的利益又受到他人行为的很大影响。这种斗智斗勇的决策过程，固然面临不确定性，但其中也有规律可循，这就是博弈论。博弈论就是讨论人们在博弈的交互作用中如何决策的学问。著名经济学家保罗·萨缪尔森说："要想在现代社会做一个有文化的人，你必须对博弈论有一个大致的了解。"现如今，只要对策略稍微有点概念的人，几乎都懂得博弈知识，不懂博弈理论的人在和这些人过招时，难免会屈居下风。

为了帮助青少年朋友在人生的许多决策上胜过生活中的竞争对手，或者起码能并驾齐驱，我们精心编写了本书。本书摒弃了市面上大部分博弈论书籍那种枯燥的说理和说教，通过精彩的小故事和深刻的剖析来讲述这些能够带你走出迷津的博弈论。本书告诉青少年朋友怎样与他人相处；怎样适应并利用世界上的种种规则；怎样在这个过程中确立自己的人格和世界观，并因此改变对社会和生活的看法，使青少年以理性的视角和思路看待问题和解决问题。但博弈终究只是一种"术"，而非"道"。道是大自然客观的运行规律，是人类智慧的结晶，是为追求长远利益而服务的；而术，则是人为的、以知识经验为后盾的行为方式，术是人类知识经验的结晶，是为追求目前利益而服务的。我们可以学一些生活、为人处世的应对之术，却勿忘了我们"头上的星空和内心的道德准则"（康德语）。

阅读本书，我们不仅可以了解到那些令人叹服的社会真实轨迹，还可以学到如何运用这些博弈论的"诡计"成为生活中的策略高手。

目　录

第一章　博弈是什么 / 1

　　博弈是一种策略 / 2
　　博弈的构成要素 / 4
　　博弈论的基本假定 / 7
　　博弈无处不在 / 9

第二章　为什么要懂博弈 / 11

　　零和博弈 / 12
　　非零和博弈 / 15
　　正和博弈 / 17
　　负和博弈 / 19
　　多次博弈与单次博弈 / 21

第三章　利用信息，稳操胜算 / 23

　　大太监刘瑾的博弈生存 / 24
　　掌握信息就是掌控主动 / 27
　　学会利用公共信息 / 30
　　利用信息不对称 / 33

第四章　纳什均衡：一荣俱荣，一损俱损 / 35

　　纳什均衡是较稳定的博弈结果 / 36

时时把自己放在优势的位置 / 38
聚集人气，形成规模效应 / 41

第五章 囚徒困境：永远的两难决策 / 43

形成于自私的基因 / 44
可怕的"围观"自保心理 / 46
并非没有破解之道 / 48
困境永远不会彻底消失 / 50

第六章 智猪博弈：学会借力打力 / 53

搭便车不都是小猪的错 / 54
无处不在的搭便车行为 / 56

第七章 枪手博弈：在多元关系中明智生存 / 59

谁能最后活下来 / 60
枪手如何更好地生存 / 62

第八章 胆小鬼博弈：懂得进退之道 / 65

谁是胆小鬼 / 66
胆小和胜利，在于你如何看待它 / 69

第九章 蜈蚣博弈：充分运用倒推法 / 73

海盗们是如何分赃的 / 74
倒推法与逆向选择 / 77

第十章 猎鹿博弈：在合作中壮大彼此 / 81

合作创造双赢 / 82
在团队中定位自己的角色 / 86

第十一章　鹰鸽博弈：强硬向左，温和向右 / 89

　　刚柔并济的策略 / 90
　　可以带点"威胁"的味道 / 92

第十二章　重复博弈：放长线才能钓到大鱼 / 95

　　重复"阶段博弈" / 96
　　如何获取更长远的利益 / 98
　　可以有点善意的"欺骗" / 100

第十三章　拍卖陷阱：成熟考虑成本与收益 / 103

　　拒绝得不偿失的胜利 / 104
　　摆脱沉没成本的羁绊 / 106
　　壮士断臂，悲壮的豪迈 / 109

第十四章　选择决定命运 / 111

　　如何进行合理的选择 / 112
　　打破"霍布斯的选择" / 114
　　降低选择的机会成本 / 116
　　学会放弃，智慧判断 / 118

第十五章　讨价还价的策略 / 121

　　最后通牒博弈 / 122
　　懂一点"沉锚效应" / 125
　　保护讨价还价的能力 / 128
　　保持足够的耐心 / 131

第十六章　需要警惕的"路径依赖" / 133

　　最好一开始就是对的 / 134
　　共同知识降低社会交易成本 / 136

现在，打破思维定式 / 139

第十七章 博弈绝不是赌博 / 141

赌博时你赢的机会是负的期望 / 142
面对生死课题不容闪失 / 144
彩票、赌博与投资 / 146

第十八章 练就博弈思维 / 149

卖豆子的思维 / 150
唯一不变的是变化 / 153
时刻保持危机感 / 155

第十九章 处世与判断 / 157

对机会作出准确判断 / 158
娴熟运用甄别机制 / 160
做正确的事和正确地做事 / 162
把他人当镜子 / 164

第二十章 选举中的博弈智慧 / 167

孔多塞的投票悖论 / 168
投票制民主的局限 / 171
如何达到真正的民主 / 174
阿罗不可能定理 / 177

第二十一章 行动与命运 / 179

用智慧分解目标 / 180
如何有效遏制拖延 / 183
置之死地而后生 / 186
减少失败概率 / 188

第一章

博弈是什么

> 我们常常陷入不知该如何选择的两难境地,这也好,那也不错,我们到底应该如何选择呢?有些事情错了可以重新来过,有的事情一旦决定就无法再更改。如何能让自己更有机会远离后悔的痛苦深渊?你我都需要一种可以让自己更好地去选择的方法,这,就是博弈。

博弈是一种策略

"所谓博弈，就是策略性的互动决策。"这是 2005 年因博弈论而获得诺贝尔经济学奖的罗伯特·奥曼教授给博弈所下的定义。

互动性是博弈的最大特色。无论是下棋、赌博还是为谋取利益而进行竞争，实质都是在作策略性的互动决策，参与者都不能单纯从自己的意愿出发采取行动，还必须充分考虑到其他博弈参与者会采取何种策略，并针对他们可能的策略选择，选择最有利于自己的应对策略。博弈的目的就是实现自身利益的最大化。

为了帮助大家理解博弈及博弈最优策略的选择，就用下面这样一个小例子加以说明：

在风光旖旎的马尔代夫海滩上，均匀地分布着为数不多的几位游客，每位游客将消费一瓶水。

现在假设哈佛大学的两位经济学教授来此做卖饮料的小贩。如果每位游客都只在靠自己最近的那个小贩那里买水，那么两位教授将如何布局他们的摊位呢？

两位教授的竞争，就形成了一个简单的博弈。在这样一个博弈中，两位教授其实都明白，如果自己摆在海滩中点以左（或右）的任何位置都不是最优选择，因为对方可以通过摆在紧邻自己的右（或左）边即可获得超过 1/2 的游客消费者，而自己只能获得少于 1/2 的游客消费者。只有将自己的摊位安置在沙滩的正中点，这才是最好的，因为无论对方紧邻自己左边还是右边，自己始终可以得到 1/2 的游客，其他的位置皆不可能得到这么多游客。基于这种考虑，两位教授无疑都会把摊位紧挨着摆在沙滩的中心点上。

在"沙滩卖饮料"的博弈中，两位哈佛教授的最优策略就是将摊位都布置在海滩的中心点上。

那么什么是最优策略呢？所谓最优策略，就是指无论其他博弈参与者如何选择，自己作出的策略选择都是最佳的。通俗来说即是，不管别人怎么做，我所做的都是我能做得最好的。

这里还要介绍一下"纳什均衡"的概念，其内涵是，给定其他人的选择之后，没有人对自己的策略感到后悔。这就意味着一旦达到纳什均衡，每个博弈参与者都选择了自己的最优策略。

纳什均衡就是所有博弈参与者最优策略的组合。既然在纳什均衡状态下，所有参与人选择了自己的最优策略，那么我们就可以通过判断博弈参与者的策略是否满足成为各自的最优策略，来确认它是否已达成纳什均衡。

这个"沙滩卖饮料"的博弈模型，可以解释为什么卖同类物品的商家总是紧挨着布局，还可以用于政治选举中拉票的分析。关于政治选举中拉票这一点，我们会在后面详细论述。

博弈的构成要素

2010年公映的英国电影《百夫长》，情节非常简单，主题就是围绕一场令人紧张到几乎忘记呼吸的逃亡与追杀的博弈展开。在这场殊死搏斗中，博弈双方除了向我们展示了粗犷、野蛮以及冷酷到乏味的敌对气氛，还为我们异常鲜活地演绎了博弈对局的基本构成要素。

一场博弈的基本构成要素主要包括以下三点：

1. 参与者：以昆图斯·迪亚斯为首逃亡的罗马战士，悍女艾泰恩率领的皮克特追杀者

博弈对局存在一个必需的条件，就是要有两个或两个以上的参与者，自己跟自己玩儿不叫博弈。从经济学的角度来看，如果不存在对手，只是一个人作决策而不需要考虑他人将如何行动，这就是一个传统的最优化问题，也就是在一个既定的局面或情况下如何决策的问题。比如气温骤降，出门必须多穿衣服，只要有"气温骤降"这样一种既定情况的存在，你要出门时最优的策略选择就是多穿衣服，而不用考虑其他人是否多穿衣服，因此这种只有你一个人作出决策的情形不能构成博弈。

2. 策略：昆图斯·迪亚斯通过采取迂回战术和各种迷惑追踪者的策略来躲避追杀，追上罗马军队；艾泰恩则通过其神秘的近似猎犬的追踪本领，总是能够感应到罗马人的逃跑路线

如果没有艾泰恩嗜血般的疯狂追杀，昆图斯·迪亚斯率领的几名罗马士兵就没必要在逃跑的过程中还要千方百计地隐蔽逃跑路线；同样，如果昆图斯·迪亚斯他们不知道后边有追杀者，艾泰恩就没必要不断地施展其追踪技术，甚至都不需要她出马。双方如果没有策略选

择的交锋，就根本构不成一场博弈。就像四个人坐在牌桌前面对着一堆牌而不打，那也无法构成赌博一样。因此在博弈中，参与者必须"出招儿"，也就是作出策略选择，直接、实用地针对某一个具体问题采取应对方法。

3. 收益：昆图斯争取率领罗马士兵逃出生天，艾泰恩则要将罗马人留下做异乡亡魂

博弈的结果就是双方的收益。在这场异常血腥的博弈中，艾泰恩率领的追杀者在最后的决战中全军覆没，罗马人一方只有昆图斯和博特霍什追上了罗马军队。但博特霍什在欣喜若狂之余被罗马守城士兵射死，昆图斯也差点死于要掩盖真相的罗马高官手中，最后一个人逃了出来。但他没有留在罗马领地，而是回到逃亡途中结识的且互生情愫的"女巫"那里。在这场博弈对局中，可以说没有真正的胜者，因为双方都未能实现预期的收益。如果说残存的昆图斯算是仅有的胜利者的话，这却不是他真正希望的胜利。

在参与者自利动机的驱使下，每个人都希望自己能在博弈中实现利益最大化。这就是博弈论的第三个基本要素：参与者要有预期收益。就像赌博，每个参与者都希望自己赚得盆满钵满，而不是输得倾家荡产。

可能有人会说，赌博也不完全是为了赢钱，有些是为了娱乐，甚至参与者可能会故意输。但博弈论中首先有一个基本的假定，那就是所有的参与者是理性的，只要参与博弈，就是为了实现自己收益的最大化。再者，即便下属为了讨好上司而故意输钱，这也只能说明他在这一赌博的博弈中是输家，但在更大的博弈中，在工作和人脉搭建上，他无疑是赢家。

在"人都是理性的"这一假定前提下，博弈的参与者都是为了获取利益，预期将来所获得利益的大小直接影响到博弈的吸引力和参与者的关注程度。预期的收益越大，博弈对参与者的吸引力就越强。

在此处必须说明，博弈虽由参与者、策略和收益三个基本要素构

成，并不是说博弈中只包括这三个要素，可能会有更多的要素，比如参与者的出招顺序、参与者拥有的信息量等，但文中所论述的三个要素，是任何博弈都必备的，因此我们称这三点为博弈构成的基本要素。

博弈论的基本假定

一个人跟着一个魔法师来到一座二层楼里,在进入第一层的时候,他发现里面有一张长长的大桌子,桌子旁围坐一圈人,桌子上摆满了丰盛的佳肴。虽然他们不停地尝试着去吃到食物,但每次都失败了,没有一个人能把美食放进口中,因为大家的手臂受到魔法师诅咒,手肘都难以弯曲,空对着满桌美食却偏偏可望而不可即。这时,这个人听到楼上传来了欢笑声,他好奇地上楼去看个究竟。楼上的场景让他大吃一惊。二楼同样有一群人,他们的手肘也不能弯曲,但是,大家都吃得兴高采烈。原来他们每个人都与对面的人彼此协助,互相用刀叉喂食,所以每个人都吃得十分尽兴。

魔法师设定的是同样的博弈环境,然而两层楼的人们博弈的结果截然不同。这种差别主要源于博弈论的基本假设,这一点在上面一节我们已经提到,就是所有的博弈参与者是理性的,只要参与博弈,就是为了实现自己收益的最大化。在博弈中,"所有的人是理性的"用一个经济学术语形容叫作"理性经济人"。所谓"理性经济人"原本是经济学的一个基本假设,即假定人都是利己的,而且在面临两种以上选择时,总会选择对自己更有利的方案。通俗来说就是大家都是明白人,谁也不比谁更傻,你能想到的别人也想得到,别人能想到的你也能想到。

第一,理性的人一定是自利的。经济学和博弈论中的自利和社会学中的自私不是一回事。在博弈论中,自利是一个中性词。博弈论假设参与者都是纯粹理性的,他们以自身利益最大化为目标。上述故事中的人都有明显的自利性,面对满桌佳肴,他们的共同目标就是尽可能地享用,选择自顾自的人如此,选择互相合作的人亦是如此。

第二，理性和道德不是一回事。理性的选择只是最有可能实现自己的目标，而不一定最合乎道德，理性和道德有时会发生冲突。当然，理性的人也不一定就是不道德的。

第三，理性和自由不一定一致。这一点，很多人深有体会。小孩子对学习感到厌倦，但父母认为只有好好学习将来才能有出息，于是，家长和孩子之间展开博弈：父母会根据孩子的行动采取各种各样的激励方案，孩子也会根据父母的行动寻找对策。本节故事中被下了诅咒的人们，显然是不自由的，但他们心里享用美食的欲望仍然是理性的，这一点毫无疑问，这就是理性与自由的悖论。当然，现实并非全是如此，有些理性的选择和自由的选择也会达成一致，那当然是最理想的状态了。

理性人，即明白人的主要特征就是"目标明确"四个字，博弈的参与者十分清晰、明确地知道自己的目的，并为此进行各种理性的选择。

博弈无处不在

如果把博弈论推而广之，就不仅限于经济或政治领域，人们的工作和生活，甚至生命的演化，都可以看作永不停息的博弈决策过程。哈佛大学的博弈论教学，就摒弃了传统那种枯燥的数学模型分析，通过关注我们实际生活和社会现象中的方方面面，引领大家自然而然地进入无处不在的博弈对局。

人们每天从一早醒来就必须不断地作决定，我们日复一日决定早餐要吃什么，直到养成固定的饮食习惯；要不要到超市疯狂采购一番；要不要看场电影、散散步，甚至读一本书……这些都是小事情，更重大的则是：报考哈佛还是耶鲁、选择什么专业、如何选择伴侣、从事什么样的工作、如何开展一项研究、如何打理生意、该与谁合作、做不做兼职、要不要竞争总裁的职位、要不要竞选总统……几乎你能想到的所有人生场景，都会有博弈的参与。

在这些决策中，有些是完全由你一人作决定的（比如去不去散步）。但决定的空间是不可能完全封闭的，你不可能在一个毫无干扰的真空世界里作决定。相反，你的身边全是和你一样的决策者，他们的选择与你的选择相互作用。这种互动关系自然会对你的思维和行动产生重要的影响，而且别人的选择和决策直接影响着你的决策结果，这种相互影响有时甚至是觉察不到的。时至今日，我们已经很难摆脱这种相互影响了，因为我们都生活在一个联系紧密的社会中，是一张大网上的一个个结。

为了解释和理解博弈决策的相互影响，我们不妨看一看一个石匠的决策和一个拳击手的决策会有什么区别。

当石匠考虑怎样开凿石头的时候，如果地质情况清楚，他不必担心石头可能会主动跳起来跟他过不去——他的"对象"原则上是被动的和中立的，不会对他表现出策略对抗。然而，当一名拳击手打算攻击对方的时候，不仅他的每一招进攻都会招致抵抗，而且他面临对方主动的出击。

在人与人的博弈中，你必须意识到，你的商业对手、未来伴侣乃至你的孩子都是聪明而有主见的人，是关心自己利益的活生生的"明白人"，而不是被动的和中立的角色。一方面，他们的目标常常与你的目标发生冲突；另一方面，他们当中包含潜在的合作因素。在你作决定的时候，必须将这些冲突考虑在内，同时注意充分发挥合作因素的作用。

博弈论是一种决策的艺术。因为博弈的无处不在，为了自己，也为了与他人更好地合作，掌握一些博弈的策略思维对你无疑是有很大帮助的。正是因此，著名经济学家、哈佛大学博士保罗·萨缪尔森说："要想在现代社会做一个有文化的人，你必须对博弈论有一个大致的了解。"

第二章

为什么要懂博弈

> 掌握博弈论的一些基本原理,你的思维方式也会随之改变,以前在你看来百思不得其解的问题,或者生活中见怪不怪的现象,都可以从中找到解答。

零和博弈

麦克和查尔斯是两个经济学家，他们经常在一起交流学术问题。一次，他们边散步边讨论。麦克看到一堆狗屎，就对查尔斯说："你吃了这堆狗屎，我给你100万。"

查尔斯犹豫了一会儿，但最终还是禁不住钱的诱惑吃了那堆狗屎。

麦克果然兑现承诺，给了查尔斯100万。

走不多远，查尔斯也看见了一堆狗屎，他对麦克说："吃了这一堆，我也给你100万。"

麦克也是先犹豫，但最终还是倒在了金钱面前，于是查尔斯又把麦克给他的100万还了回去。

故事并未到此结束。

走着走着，查尔斯忽然缓过神来了，对麦克说，"不对啊，我们俩谁都没赚到钱，却帮环卫工人清理了两堆狗屎。"

麦克也感觉很不对劲，但他自我辩解说："我们是都没赚到钱，但我们创造了200万国内生产总值！"

这则笑话虽是对经济学家的嘲弄，但它反映了零和博弈的基本道理。在零和博弈中，所有参与者的获利与亏损之和正好等于零，赢家的利润来自于输家的亏损。

博弈根据是否可以达成具有约束力的协议分为合作博弈和非合作博弈。

合作博弈也称为正和博弈，采取的是一种合作的方式，或者说是一种妥协，博弈双方的利益都有所增加，或者至少是一方的利益增加，而另一方的利益不受损害，因而整个社会的利益有所增加。非合作博弈是指一种参与者不可能达成具有约束力的协议的博弈类型，具有一种互不相容的味道，包括负和博弈和零和博弈。

零和博弈属非合作博弈，参与博弈的各方，在严格竞争下，一方的收益必然意味着另一方的损失，博弈各方的收益和损失相加总和永远为"零"，双方不存在合作的可能。零和博弈的结果是一方吃掉另一方，一方的所得正是另一方的所失，整个社会的利益并不会因此而增加一分。也可以说，自己的幸福是建立在他人的痛苦之上。

零和博弈现在广泛用于有赢家必有输家的竞争，"零和游戏规则"也越来越受到重视，因为人类社会中有许多与"零和游戏"相似的局面。

如果用一种最简单的现象来帮助人们理解零和博弈，那就是赌博：赌桌上赢家赢得的钱就是输家输掉的。

法国作家拉封丹有一则寓言讲的就是狐狸和狼之间的零和博弈。

一天晚上，狐狸来到了水井旁，低头看到井底的月亮圆圆的，它以为这是块大奶酪。井边有两只吊桶，人们用来一上一下交替汲水，这只饿得发昏的狐狸马上跨进一只水桶下到井底，另一只水桶则升到了井面。

到了井底，它才明白水中的圆月是吃不得的，自己已铸成大错，处境十分不利，长久下去就只有等死了。如果没有另一个饥饿的替死鬼来打这水中月亮的主意、坐着井口的那只水桶下来，它就别指望活着回到地面上去了。

两天两夜过去了，没有谁光顾水井。沮丧的狐狸正无计可施时，刚好一只口渴的狼途经此地。此时月亮高挂，狐狸不禁喜上眉梢，它抬起头跟狼打招呼："喂，伙计，我免费招待你一顿美餐怎么样？你看到这个了吗？"它指着井底的月亮对狼说，"这可是块非常美味的干酪，这是用奶牛伊娥的奶做出来的，就算主神朱庇特病了，只要尝到这美味可口的食物都会胃口大开。我已吃掉了这奶酪的那一半，剩下这半也够你吃一顿的了。就请委屈你钻到我特意为你准备好的桶里下到井里来吧。"这只狼果然中了它的奸计。狼下到井里，它的重量使狐狸升到了井口，这只被困两天的狐狸终于得救了。

狐狸上来得救，狼下去受困，得与失相当，这就属于零和博弈。

生活中，零和博弈的情形非常多见，如游戏通常都是一场零和博弈，因为游戏总有输赢，一方赢了，另一方就是输了。为什么在赌场赌博总是输的多呢？这就是因为赌博是一场零和博弈，而开赌场的老板是要赚钱的，他赚的钱从哪里来呢？显然只能靠赌徒输钱了。

零和博弈属于非合作博弈，在零和博弈中，双方是没有合作机会的。各博弈方决策时都以自己的最大利益为目标，结果是既无法实现集体的最大利益，也无法实现个体的最大利益。零和博弈是利益对抗程度最高的博弈，甚至可以说是你死我活的博弈。

在社会生活的各个方面都能发现与零和博弈类似的局面，胜利者的光荣后面往往隐藏着失败者的辛酸和苦涩。从个人到国家，从政治到经济，到处都有零和博弈的影子。比如篮球、拳击等体育比赛，有些国家内部派系的竞争、争斗等，都属于零和博弈。

非零和博弈

电影《美丽心灵》中有这样一个情节：

一个烈日炎炎的下午，约翰·纳什教授给学生上课。楼下有几个工人正施工，机器的轰鸣声非常刺耳，于是纳什走到窗前狠狠地把窗户关上。

马上有同学提出意见："教授，请别关窗子，实在太热了！"

而纳什一脸严肃地回答："课堂的安静比你舒不舒服重要得多！"然后转过身一边嘴里叨念着："给你们来上课，在我看来不但耽误了你们的时间，也耽误了我的宝贵时间……"一边在黑板上写着数学公式。

正当教授一边自语一边在黑板上写公式之际，一位叫阿丽莎的漂亮女同学（这位女同学后来成了纳什的妻子）走到窗前打开了窗子，她对窗外的工人说道："打扰一下，嘿！我们有点小小的问题，关上窗户，这里会很热；开着，却又太吵。我想能不能请你们先修别的地方，大约45分钟就好了。"

正在干活的工人愉快地说："没问题！"又回头对自己的伙伴们说："伙计们，让我们先休息一下吧！"

阿丽莎回过头来快活地看着纳什教授，纳什教授也微笑地看着阿丽莎，既像是讲课，又像是在评论她的做法似的对同学们说："你们会发现在多变性的微积分中，往往一个难题会有多种解答。"

阿丽莎对"开窗难题"的解答，使得原本的一个零和博弈变成了另外一种结果：同学们既不必忍受室内的高温，教授也可以在安静的环境中讲课，结果不再是0，而成了+2。由此我们可以看到，很多看似无法调和的矛盾，其实并不一定是你死我活的僵局，那些看似零和博弈或者是负和博弈的问题，也会因为参与者的巧妙设计而转为正和博弈。正如纳什教授所说："多变性的微积分中，往往一个难题会有多种解答。"这一点无论是在生活中还是工作上都给我们以有益的启示。

非零和博弈既可能是正和博弈，也可能是负和博弈。该理论的代表人物，是哈佛大学企业管理学教授亚当·布兰登勃格和耶鲁大学管理学教授巴里·奈尔伯夫，他们在合著的《合作竞争》一书中提出，企业经营活动是一种特殊的博弈，是一种可以实现双赢的非零和博弈。

在非零和博弈中，对局各方不再是完全对立的，一个局中人的所得并不一定意味着其他局中人要遭受同样数量的损失。也就是说，博弈参与者之间不存在"你之得即我之失"这样一种简单的关系，参与者之间可能存在某种共同的利益，博弈参与者能够实现"双赢"或者"多赢"，这是正和博弈；与之相对则是负和博弈，即博弈参与者最终无人获利，两败俱伤。对于正和博弈与负和博弈，可以举一个简单的例子加以说明，譬如一对情侣，双方可能一起得到精神的满足，这是正和博弈；恋爱中一方感觉受伤的时候，对方并不一定得到满足，双方也许都很受伤，这种情况则是负和博弈。

正和博弈

小溪边有三处灌木丛，每处灌木丛中都居住着一群蜜蜂。附近的一个农夫总觉得这些灌木丛没有多大用处，便决定铲除它们。

当农夫动手除第一处灌木丛的时候，住在里面的蜜蜂苦苦地哀求："善良的主人，看在我们每天为您的农田传播花粉的情分上，求您放过我们的家吧。"

农夫看看这些无用的灌木丛，摇了摇头说："没有你们，别的蜜蜂也会传播花粉的。"很快，农夫就毁掉了第一群蜜蜂的家。

没过几天，农夫又来砍第二处灌木丛，从中冲出来一大群蜜蜂，对农夫嗡嗡大叫："残暴的地主，你要敢毁坏我们的家园，我们绝对不会善罢甘休的！"农夫的脸上被蜜蜂蜇了好几下，他一怒之下，一把火把整个灌木丛烧得干干净净。

当农夫把目标锁定在第三处灌木丛的时候，蜂王飞了出来，它对农夫柔声说道："睿智的投资者啊，请您看看这处灌木丛给您带来的利益吧！您看看我们的蜂窝，每年我们都能生产出很多的蜂蜜，还有最有营养价值的蜂王浆，这可都能给您带来不菲的经济效益啊，如果您把这些灌木丛给除了，您将什么也得不到，您想想吧！"农夫听了蜂王的介绍，忍不住吞了一下口水，于是，他放下了斧头，与蜂王合作，做起了经营蜂蜜的生意。

在这场人与蜂的博弈中，面对农夫，三群蜜蜂运用了三种策略：恳求、对抗、合作，只有第三群蜜蜂保住了自己的家园，农夫也从中获益匪浅，双方实现了双赢。

这则寓言告诉我们，如果博弈的结果是"零和"或"负和"，那么，一方得益就意味着另一方受损或双方都受损，零和或是两败俱伤显然都不是最优结果。人与人之间如果都能争取合作，把一味利己的竞争博弈变成双赢的正和博弈，才能使人际关系和个人成长向着更健康的方向发展。

双赢是最佳的合作效果，合作是利益最大化的武器。很多情况下，对手并非仅仅是对手，正如矛盾双方可以转化一样，对手也可以变为助手和盟友，微软公司对苹果公司慷慨解囊就是一个最好的案例。如同国际关系一样，商场中也不存在永远的敌人，利益才是永恒的。

皮尔斯和杰夫同时进入美国加州一家电力公司，在工作中他们的能力不相上下，都是部门负责人。皮尔斯是电力公司总经理的亲属，而杰夫是单枪匹马，但杰夫没有因为自己没有这样的关系而表现消极。在工作中，杰夫经常与皮尔斯相互协作，完成工作中的难点，相互配合非常默契。皮尔斯也愿意同杰夫编在一组，相互促进。在完成11万伏高压输电线路安装过程中，皮尔斯与杰夫一起晚上看图纸，安排工序，白天干活，比预定工期提前1/3时间完成了项目，因此受到表彰。

曾经有朋友劝杰夫，皮尔斯本来就有关系，现在你帮他的忙相当于断了自己的升迁之路。杰夫对朋友说："第一，我佩服的是皮尔斯的能力和人品，皮尔斯能成功，靠的是自己的实力；第二，如果自己能力不强，即使领导不会看重皮尔斯，自己也不会有什么出息，我现在也是向他学习本事；第三，一旦皮尔斯升迁，自己与他配合默契，工作起来也顺手。"

通过相互之间的配合，他们取得了很大的成绩，并且上级通过皮尔斯也认识了杰夫，认为两个人的能力同样突出。在皮尔斯被提为安装公司经理之后，杰夫理所当然地成了副经理。皮尔斯心里也明白，没有杰夫的帮助，仅靠自己也不会有这样突出的成绩。不久之后，通过关系，皮尔斯将杰夫调到另一部门担任正职。这样，杰夫的路子也宽广起来。而且，两个人在两个部门相互协调，工作就更加好干了。

展示自己的才能，配合他人的工作，或者在工序流程中能够独挑大梁，在团体运作中具有团结精神，都是能够得到别人赏识的。当然，协助别人工作同给别人当下手不一样，协助别人要有自己的思想，有自己独到的见解。没有独到的见解，总是像跟屁虫似的人云亦云，帮助别人做打杂的活儿，这样是永远成不了气候的。

负和博弈

博弈的理论承认人人都有利己动机,人的一切行为都是为了实现个人利益最大化,但同时,博弈策略的本质在于参与者的决策相互依存,帮助别人有时就是帮助自己,这样反而更能促成个人收益最大化。

市场经济中,崇尚的道德应该是利己又利他,这两点并不矛盾。如果市场上每个人都只为自己,自私自利,甚至损人利己,最终结果还是损害自己,而为别人考虑时往往会为自己带来好处。当你从利己的角度出发去帮助别人的时候,就会达到"利己又利他"的效果。反之,为了利己而做伤害别人的事,自己虽然会有一时之益,但从长远来看,必定得不偿失。

2009年12月31日,冰岛总统格里姆松表示,将推迟签署议会批准的偿付协议——偿付在冰岛Icesave银行破产中遭受损失的英国及荷兰储户。该协议遭到冰岛民众的普遍反对。

议会30日批准的支出计划遭到普遍的反对,格里姆松称,正如此前预计,他"今天将不对此作出决定"。3天后,他将收到32万冰岛居民中接近4万人签署的反对该协议的请愿书。

如果总统拒绝支持该议案,该问题将诉诸全民投票表决。

此前反对执行补偿计划威胁到冰岛从国际货币基金组织(IMF)那里获取资金支持,并使冰岛加入欧盟的问题复杂化。

早些时候,评级公司标准普尔称赞了冰岛议会的决定,并在一份声明中将冰岛的信用等级前景从"负面"上调至"稳定"。

冰岛议会29日晚些时间授权向英国和荷兰政府支付38亿欧元,这些资金中部分用来补偿在冰岛Icesave银行倒闭中逾32万个损失储蓄的储户。

英国政府警告冰岛，如果未能赔偿英国和荷兰两国存户因 Icesave 银行破产而蒙受的巨额损失，冰岛可能面临金融孤立局面，英国也可能阻止冰岛加入欧洲联盟。

冰岛总统格里姆松说，他不会签署赔偿英荷两国存户 38 亿欧元存款损失的议案。他说，他将改而让全民投票，决定是否作出赔偿。

这引起英国和荷兰的不满。荷兰说，冰岛的做法让人"无法接受"；英国财政部则希望冰岛履行其"责任"。英国金融服务部长麦纳斯警告，冰岛倘若这么做，不仅将面临金融孤立的危险，其通往欧盟的道路也可能受阻。

在冰岛同英国和荷兰的这场博弈中，如果冰岛真的赖账，那么冰岛和英荷两国将陷入双输的局面：英荷两国储户会遭受巨额损失，而冰岛会有受到欧洲其他国家金融孤立的危险，这无疑会让本来就已风雨飘摇的冰岛经济雪上加霜。如果冰岛真的采用这一策略，那么这就是一场典型的负和博弈，双方都没有获利。

多次博弈与单次博弈

休斯敦火车站广场边上的一家小卖店出售饮料、汉堡包等商品，店门口的一个玻璃柜子中摆着各种香烟。

"我马上就要上火车了，你在达拉斯车站接我。老板，来包万宝路。"凯尔打着电话，给店主递过钱去后，买了一包万宝路烟匆匆离开。但凯尔突然又回过身来问："老板，你的烟不会有假吧？"

"怎么可能，这些烟都是从烟草公司进的，正规渠道，怎么会假。"

"真的吗？"

"你要不要，不要走开！"

看到店主凶巴巴的样子，凯尔苦笑着走向站里。

经常出差或旅行的人，在车站或景点等地购物时，会注意到这些人群流动性很大的地方，不但服务质量差，而且假货横行。这是因为在商家和顾客之间存在的是"一次性博弈"。

在博弈中，每个参与者在轮到自己决策时，必须思考自己的行动将会给其他博弈参与者以及自己未来的行动造成什么影响。也就是说，相继行动的博弈中，每个参与者必须预计其他参与者接下来会有什么反应，据此盘算自己的最佳策略。

但在一次性博弈中，因缺乏强烈的道德与情感因素的约束，参与人会为自己当前的最大收益而奋斗。他之所以不太关心自己未来的利益，是他确信今后自己不用再和对方进行博弈，所以他会尽可能地施展所有手段，而不用担心未来的后果。所以，凯尔遇到的那位老板才如此态度恶劣，他卖的万宝路真假如何，不用猜都知道。假如市场交易都是一次性的，那么市场上肯定假冒伪劣商品泛滥，因为销售者出卖假冒伪劣商品可以获得更多的收益。

但生活中更多的是重复性博弈，与一次性博弈完全不同，它遏制了人们的绝对功利性，每一个参与者的行动都必须小心翼翼，因为他们需要为将来考虑。如果有谁在第一次博弈中就耍尽欺诈手段，或者背叛，那么在未来的博弈中，他将付出代价，显然采取这种策略对他来说是不明智的。因此，在重复性博弈中，不诚信的情况比较少。

我们也可以借用重复博弈的理论来解释夫妻之间的一些行为。

夫妻之间闹别扭，妻子一般不敢闹得太过分，丈夫也不会一直记恨在心，因为他们都明白，仅为一时意气而严重伤害对方，最终对双方都没有好处。

对于夫妻而言，博弈的目的不是在分手时能得到更多的"好处"，而是希望能更好地"维持合作的稳定性"，白头偕老。

通常来说，在经历多次博弈之后，会达到一个纳什均衡。在纳什均衡点上，每个参与者的策略都是最好的，此时如果某人改变策略，他的收益将会降低，任何一个理性的参与者都不会有单独改变策略的冲动，因此没有人愿意先改变或主动改变自己的策略。这种相对稳定的结构会一直持续下去，直到博弈的终点。

重复博弈可以有效地防止背叛策略的出现，只要博弈继续下去，博弈的双方就不得不考虑自己背叛后对方会采取什么样的策略来对付自己。此外，重复博弈有另外一个作用，它可能无限放大一次性博弈的结果。

员工和雇用他的公司就处在重复博弈当中，因为双方会不断博弈下去，所以员工往往会为了将来的利益来抑制自己的背叛行为，而公司同样会因为希望提高员工的忠诚度而表现出好的姿态，这是一种合作的博弈。

将来的博弈，不仅仅是一种防止背叛的手段，也是一种可以寄予希望的手段。当将来存在时，人们有时会因为考虑长远而忽视了眼前的问题。

第三章

利用信息，稳操胜算

> 信息对于博弈的重要性怎么强调都不为过。博弈中，除去信息的因素，大家赢的机会均等，此时，谁能提前抓住有利的信息，谁就能稳操胜券。

大太监刘瑾的博弈生存

明代自从永乐皇帝以后，宦官就登上了政治的舞台。在明武宗时，有位太监叫刘瑾，是历史上有名的权倾朝野的大太监。

史料记载，正德元年（1506年），刘瑾刚刚得势，便向天下三司官员索贿，一个人一千两银子，多的要到五千两，不给的要贬斥，给得多的则升迁，这无异于按职位论价，掌握了官职的专卖权。所谓"天下三司"，指的是当时全国十三个省的都指挥使司、布政使司和按察使司，分管各省的兵马、钱粮和刑名，号称封疆大吏。这批人的总数，以每个职位至少两人计算，大约有七八十人，搜刮一次便有十万雪花银的进项。正德三年（1508年），天下诸司赴京朝觐，刘瑾下令每个布政司送银两万两，交了钱才放人回去。这等于将职位第二次出售，交钱就保官，不交钱就滚蛋。这一次专卖权的垄断，使得官员不得不向京师巨富借钱买官。

刘瑾权势最大的时候，不仅控制了东厂和西厂这两个特务组织，并且有许多"发明创造"，用一百五十斤重的枷套在脖子上，就是他们的发明之一。戴了这种枷，"不数日辄死"。给事中安奎、御史张彧出京查盘钱粮，返京后刘瑾索贿，嫌那二位给得少，就说他们参劾官员失当，大发雷霆，用一百五十斤重的枷，将这二位枷于公生门。当时正是夏季，大雨昼夜不停，这二位就在雨中淋着。

面对刘瑾的嚣张气焰、咄咄逼人的攻势，明朝的朝臣们纷纷采取了自卫策略，这无疑是一场宦官和朝臣的博弈。

正德元年（1506年），文官以刘瑾等太监引诱皇帝"游宴"为导火线，纷纷上疏论谏，大学士刘健、谢迁、李东阳带头，给事中和御史呼应，形成了外廷文官对内廷宦官的攻击之势。年幼的皇帝烦透了

第三章 利用信息，稳操胜算

文官讲的大道理，却被武官监侯杨源拿星相变化说事的一篇上疏说害怕了。见小皇帝有点怕，朝臣便发起一轮更凶猛的攻势，要求皇帝诛杀刘瑾。小皇帝心虚了，有让步的意思，就叫来宦官中地位最高的司礼监太监王岳等人，让他们和阁臣们商量，把刘瑾等人发到南京闲住。王岳等人代表小皇帝往返三次，与大臣们讨价还价，皇帝希望缓和处理，大臣非要杀人不可。大臣中有人劝刘健也让一步，以免过激生变，但刘健寸步不让。

据说太监王岳比较正直，又有些嫉妒刘瑾。刘瑾是皇帝的亲信，而他这位地位更高的太监常常被晾在一边。在传话的过程中，王岳就加上了自己的评论，对小皇帝说，阁臣们的意见对。于是刘健胆气更壮，与众大臣约定次日早朝"伏阙面争"，诛杀刘瑾，王岳为内应。

在这场博弈中，博弈一方的朝臣要求处死以刘瑾为首的一帮太监，这无异于把对手逼上了绝路，双方不可能达成均衡。但在这场博弈中，朝臣和宫中不满刘瑾的太监结成同盟，似乎占据了主动权，但有一个人物，就是皇帝，他是这次博弈的裁判员，他站在哪一边，博弈就会出现一边倒的结局。

当天晚上，吏部尚书焦芳派人向刘瑾报警。刘瑾大惧，连夜和他那几个太监们伏在小皇帝周围磕头痛哭。刘瑾说："王岳想害奴等。他勾结阁臣，目的是管制皇上的进出行动，我们不让他管制皇上，他就要除掉我们这些障碍。再说了，玩鹰玩狗有什么大不了的，有点损失也不过万分之几。如果司礼监太监用对了人，那些文官岂敢这么闹？"小皇帝一下想通了，这些人内外勾结是要管住他，不让他玩，顿时大怒，立命刘瑾出掌司礼监，另外两个趴在地上哭的太监出掌东厂和西厂这两个特务组织，并逮捕王岳等三位帮助文官的太监，连夜发配南京充军。

皇帝态度的转变，对朝臣就大大不利了。几个为首的文官被打了一顿板子，撤职贬谪；然后又杖死杨源——那位拿星相说事，险些要了刘瑾性命的天文官。直到打得朝廷上下鸦雀无声，刘瑾大获全胜。

可见，更快、更准确地掌握信息十分重要。当时局对自己不利时，能够利用自己所处的地位，制造新的信息或者改变对信息的解释，让自己永远在信息占有方面处于不败之地，是那些身居要职者的不二法门。

"近水楼台先得月，向阳花木易为春"，这实际上就表明了一个博弈的原理：谁先掌握了信息，谁就可能获得更多的优势。

如果想除掉地位比自己高的人，就要取悦他，获取对方的信任，而不是率先表现出咄咄逼人的攻势。尽管刘瑾只是个太监，但他离皇上很近，在皇权专制的情况下，他掌握着一切信息，别人盲目地反对，只会让自己身陷囹圄。在职场也是一样，如果你想获得提升，对你要替代的上司应先取悦，而不是先挑毛病。如果你先表示出对他的不满，你不但升不了，反而会被他开掉。

第三章 利用信息，稳操胜算

掌握信息就是掌控主动

东汉班固《汉书·项籍传》："先发制人，后发制于人。"

公元前209年，项梁和侄子项羽为躲避仇人的报复，跑到吴中。会稽郡郡守殷通，素来敬重项梁，为商讨当时的政治形势和自己的出路，派人找来了项梁。项梁见了殷通，谈了自己对时局的看法："现在江西一带都已起义反对秦朝的暴政，这是老天爷要灭亡秦朝了。先发动的可以制伏人，后发动的就要被别人制伏啊！"殷通听了，叹口气说："听说您是楚国大将的后代，是能干大事的。我想发兵响应起义军，请您和桓楚一起来率领军队，只是不知道桓楚现在什么地方？"项梁听了，心想：我可不愿做你的部属。于是他灵机一动，连忙说："桓楚因触犯了秦朝刑律流亡在江湖上，只有我的侄子项羽知道他在什么地方，我去叫项羽进来问问。"说完，项梁走到门外，轻声地叫项羽准备好宝剑，伺机杀死殷通。叔侄俩一前一后走进厅堂。殷通见项羽进来，刚站起身，想要接见项羽，说时迟，那时快，项羽拔出宝剑直刺殷通，随即砍下他的脑袋。项羽提着殷通的人头，佩带着郡守的大印，走到门外，高声宣布起义。

在项梁、项羽与殷通的博弈中，若殷通能先人一步，恐怕后来留下千古美名的就不是项羽而是殷通了。

生命的意义在于掌握主动，而掌握主动的途径就是比别人更早更快地获取信息。

罗斯柴尔德家族是控制世界黄金市场和欧洲经济命脉200年的大家族，他们极其重视信息和情报。

罗斯柴尔德的三儿子尼桑年轻时，在意大利从事棉、毛、烟草、砂糖等商品的买卖，很快便成了大亨。

这位传奇式人物的表现很让人称道，但最让人称奇的是，仅仅在几小时之内，他就在股票交易中赚了几百万英镑。

故事发生在1815年6月20日，伦敦证券交易所一早便充满了紧张的气氛。由于尼桑在交易所里是举足轻重的人物，而交易时他又习惯靠着厅里的一根柱子，所以大家都把这根柱子叫作"罗斯柴尔德之柱"。

就在前一天，即6月19日，英国和法国之间进行了关系两国命运的滑铁卢战役。如果英国获胜，毫无疑问英国政府的公债将会暴涨；反之，如果拿破仑获胜的话，英国公债必将一落千丈。因此，交易所里的每一位投资者都在焦急地等候着战场的消息，只要能比别人早知道一步，哪怕半小时、10分钟，也可趁机大捞一把。

战事发生在比利时首都布鲁塞尔南方，与伦敦相距非常遥远。因为当时既没有无线电，也没有铁路，除了某些地方使用蒸汽船外，主要靠快马传递信息。而在滑铁卢战役之前的几场战斗中英国均吃了败仗，所以大家对英国获胜抱的希望不大。

这时，尼桑面无表情地靠在"罗斯柴尔德之柱"上，开始卖出英国公债了。"尼桑卖了"的消息马上传遍了交易所。于是，所有的人毫不犹豫地跟进。瞬间英国公债暴跌，尼桑继续面无表情地抛出。

正当公债的价格跌得不能再跌时，尼桑却突然开始大量买进。

交易所里的人给弄糊涂了，这是怎么回事？尼桑玩的什么花样？追随者们方寸大乱，纷纷交头接耳。正在此时，官方宣布了英军大胜的捷报。

交易所内又是一阵大乱，公债价格持续暴涨，此时尼桑却悠然自得地靠在柱子上欣赏这乱哄哄的一幕。无论尼桑此时是激动不已也好，或者是陶醉在赢得胜利的喜悦之中也好，总之他发了一笔大财。

表面上看，尼桑似乎在进行一场赌资巨大的赌博，如果英军战败，他岂不是损失一大笔钱？实际上这是一场精心设计好的赚钱游戏。

滑铁卢战役的胜负决定英国公债的行情，这是每一个投机者都十分明白的，所以每一个人都渴望比别人先一步得到官方情报。唯独尼桑例外，他根本没想依靠官方消息，他有自己的情报网，可以比英国政府更早知道实际情况。

　　罗斯柴尔德家族遍布西欧各国，他们视信息和情报为家族繁荣的命脉，所以很早就建立了横跨全欧洲的专用情报网，并不惜花大价钱购置当时最快最新的设备，从有关商务信息到社会热门话题无一不互通有无，而且情报的准确性和传递速度都超过英国政府的驿站和情报网。正是因为有了这一高效率的情报通信网，才使尼桑比英国政府抢先一步获得滑铁卢的战况。

　　尼桑的高明之处还在于他懂得欲擒故纵的战术。要是换了别人，得到情报后便会迫不及待地买进，无疑也可赚一笔。尼桑却想到利用自己的影响先设一个陷阱，造成一种假象，引起公债暴跌，然后以最低价购进，只有这样才能大发一笔。这个抢先一步发大财的故事，足以说明提前掌握情报和信息对于博弈的重要性。

　　博弈中，除去信息的因素，大家赢的机会均等。此时，谁能抢占先机，谁就能稳操胜券。而抢占先机的最有效途径，就是提前抓住有利的信息和情报。

学会利用公共信息

公共信息也叫公共知识，这个概念最初由逻辑学家刘易斯提出，他发现，当某人知道某个事实时，就意味着：他知道他知道该事实，他知道他知道他知道该事实……这是一个无穷的过程。将这个结构推广到某一人群，就构成公共信息的概念。

简单地说，所谓公共信息是指，一个群体中的每个人不仅知道这个事实，而且每个人知道该群体的其他人知道这个事实，并且其他人也知道其他的每个人都知道这个事实……

在信息是公共的情况下，彼此都知道对方的情况和虚实，就需要一些设局之策来达到博弈胜利的目的。所谓兵不厌诈，双方在知己知彼的情况下，就需要一些计谋来取得胜利。

1934年，蒋介石消灭孙殿英军阀势力，所谋划的计策，就是力图收到这样的功效。

在民国历史上，被蒋介石打败的军阀中，孙殿英实力并不强，但是像一块牛皮糖，很难啃。

1930年，中原大战的时候，孙殿英起先犹豫不定，后来看见蒋介石只有40万军队，而冯阎加起来有70万之众，以为蒋介石会失败，就热心投奔了冯玉祥，冯玉祥封他为安徽省主席。蒋介石为了拉拢孙殿英，特地委派当时任河南省建设厅长的张钫到孙殿英处游说，带着手谕和40万大洋巨款，给了孙殿英。结果，孙殿英脚踏两只船，一方面收下巨款，另一方面拒绝投靠蒋介石。但为了留下后路，他将张钫礼送出境。此举深为蒋介石所痛恨，蒋介石开始等待时机收拾他。

1933年，蒋介石突然对孙殿英下发了一纸委任状，任命他为青海省屯垦督办。蒋介石之所以作这样的委任,是采纳了何应钦的建议,决定以计策最终解决孙殿英部队。

当时,西北地区是由三马控制,马步芳控制青海,马鸿奎和马鸿宾控制甘肃、宁夏。三马在当地势力极大,对蒋也是阳奉阴违,蒋也颇为头疼,派孙在西北正好可以牵制三马。

何应钦在向蒋献策时,陈述了此计至少有三种好处:一是防止孙殿英与冯玉祥合作,削弱冯玉祥的势力;二是通过三马改打孙殿英,使孙殿英这个非嫡系部队瓦解;三是通过孙殿英去攻击三马,即使三马消灭不了,也会给其造成重大的打击。

孙殿英得到蒋介石的任命后,十分高兴,以为这次有归属了。尽管有人对他说蒋某人送的这份礼是不好收的,要冒很大风险,但孙殿英以一个赌徒的心理,就此一搏了。

但孙殿英准备向西北进军的时候,蒋又突然发令阻其前进。

蒋介石再次出尔反尔,并不是什么健忘,而是进一步运筹他的计策。他料到,西北三马绝对不会允许外人来抢占他们的地盘,肯定要反击,同时对蒋介石心存不满。蒋介石要稳住西北三马,为了安抚三马,他才命令孙殿英停止前进,给三马先吃一颗定心丸。而他也预料到孙殿英一定会拼命地要抢这块地盘,肯定不会老老实实地遵守他的命令,而是继续进攻三马,这样既能够使孙殿英和三马大战,又能将自己置于局外。

果不其然,接到蒋介石的命令后,孙殿英明白了蒋介石的计谋,但事情已经如此,不打也是不行的。1934年1月,他下了攻击令。

而另一边,蒋承诺给三马钱财,叫三马攻击孙殿英。

同年2月,孙殿英攻击三马的进程十分不顺利,随即亲自组织人马攻击,但仍然失败,3万人死伤很多,不得不转入防守。为了防止孙殿英部队兵败到处流窜,蒋介石命令阎锡山的王靖国部驻扎在临河,堵住孙逃往山西的退路,这又给了阎锡山一个人情。同时命令胡宗南部到达中卫,准备一旦三马抵挡不住,他们就继续攻击。三路大军同时进攻,使孙殿英惊恐万状,他深知已经上了蒋介石的当,但悔之晚矣。这时蒋介石抢先公布孙殿英的罪状,停发了他的军饷,然后派人劝孙殿英投降。走投无路的孙只好缴枪投降了，自己宣布下野，到山西隐居。

蒋介石施计，解决西北地方军阀问题，收到一石三鸟的功效。从此计谋设计、实施过程看，蒋介石考察得比较周全。此计既解决孙殿英，又顺带解决西北"三马"问题的计策是何应钦的献策。蒋介石能接纳部属的进言，实为难得。蒋介石抓住了孙殿英的弱点：没有固定的地盘，没有支撑点，如同流寇，要地盘心切，会缺乏对"诈"术的防范，从而挑起地方军阀的争斗，坐山观虎斗，企盼从中渔利。但是，就蒋介石要实现的目标而言，只有这样，才有可能创造一石三鸟的机会。在实施上，蒋介石做了多种防范，比如调动阎锡山部阻塞孙殿英的退路，给阎以利益；命令胡宗南集合重兵，形成强大的威慑力。

从博弈的观点来看，在解决孙殿英的过程中，蒋介石没有费一枪一弹，就把这个心腹之患除掉了。他充分利用了孙殿英的虚荣心，使之对抗自己的心腹大患三马，略施小计，便获得一石三鸟之奇效，在与地方军阀斗法中胜利了。因为在蒋与军阀的斗法中，大家的实力相互都了解，属于公共信息环境，这样，如果强攻硬战的话必定会两败俱伤，所以要想一个周全之策，即用一石三鸟、借刀杀人之计。

这种利用公共信息环境，利用计谋，借力使力的招数其实很多人都用过。参与者要想在博弈中赢得主动，就必须尽可能多地掌握公共信息。在日常生活中，许多事实是公共信息，如"面对死亡，每个人都会害怕""太阳从东方升起"，对于它们，我们应该加以理性的运用。

第三章　利用信息，稳操胜算

利用信息不对称

信息不对称所造成的逆向选择是需要我们避免的，但是，反过来讲，在特定的情况下我们也可以利用信息的不对称来作出正确的决策。

曹操与袁绍之间的官渡之战就是一次信息不对称下的博弈。是役，曹操掌握了许攸所提供的信息，曹与袁之间虽然实力悬殊，但曹操的信息明显多于袁绍，他们之间的信息是不对称的，在曹袁之间的博弈中，曹操在信息掌握上显然优于袁绍！我们看一下官渡之战的场面：

建安四年，袁绍组织十万大军，战马万匹，进驻黎阳（今河南浚县东北），企图直捣许，一举消灭曹操。五年正月，曹操为了避免腹背受敌，率军东进徐州，击溃与袁绍联合的刘备，逼降关羽，占据下邳（今江苏邳县南）。接着进驻易守难攻的官渡，严阵以待。二月，袁绍派大将颜良南下，包围了白马（今河南滑县东）。曹操只有两万兵马，力量对比悬殊，于是采取声东击西、分其兵力的作战方针。四月，曹操率军从官渡到延津（今河南延津北），作出要北渡黄河袭击袁绍后方的姿态，袁绍急忙分兵西迎曹军。曹军乘势进袭白马，杀袁绍大将颜良，袁绍闻讯派兵追来，曹军又斩袁绍大将文丑。曹军士气大振，然后还军官渡，伺机破敌。七月，袁军主力进至官渡北面的阳武（今河南原阳东南）。八月，接近官渡，军营东西长达数十里。曹操在敌众我寡的情况下，采取积极防御的方针，双方在官渡相持了数月。在这期间，曹操一度准备放弃官渡，退守许。荀彧提出，撤退会造成全面被动，应该在坚持中寻找战机，出奇制胜。曹操依其议。十月，袁绍派淳于琼率兵一万多押送大量粮食，囤积在袁军大营以北约四十里的故市、乌巢（今河南延津东南）。沮授建议袁绍派兵驻扎粮仓侧翼，以防曹军偷袭，遭袁绍拒绝。谋士许攸也提出，趁曹军主力屯驻官渡、后方空虚的机会，派轻兵袭许，袁绍又不采纳。

至此时，双方还是袁绍占据优势，但袁绍刚愎自用的性格使袁军失去了好几次攻破曹军的机会，袁绍的谋士给袁所提出的信息和策略也是真实可行的。许攸见自己的意见没有被采纳，一怒之下，投奔了曹操，并告知曹操袁军的虚实，以及袁绍用酒徒淳于琼守乌巢的信息，而乌巢是袁绍的粮食基地。在这场博弈里出现了严重的信息不对称，曹操此时掌握了袁绍最重要的信息，袁绍对曹操却不甚知之，此时的曹操已经没有粮饷，如果袁绍率军出击，恐怕历史就要改写。袁绍既不知道曹操虚实，也不知自己的重要军事机密已经泄露。

而另一边的曹操听闻许攸的建议后果断地决定留曹洪、荀攸固守官渡大营，亲自率领步骑五千偷袭乌巢，半夜到达，乘袁军毫无准备，围攻放火，焚烧军粮。袁绍误认为官渡曹营一定空虚，派高览、张郃率主力攻打，而只派少量军队援救乌巢。结果官渡曹营警备森严，防守坚固，未能攻下。同时，曹操却猛攻乌巢，杀死守将淳于琼，全歼袁军，烧毁全部囤粮。消息传来，袁军十分恐慌，内部分裂，张郃、高览率所属军队投降曹操。曹操乘机出击，大败袁军，歼敌七万余人。袁绍父子带八百骑兵逃回河北。两年后，袁绍郁愤而死。此役为曹操统一北方奠定了基础。

在这一次博弈中，曹操就是利用了信息的不对称而取得了胜利。

在信息不对称的情况下，博弈的双方更难以掌握博弈的结局，因为双方不但不知道彼此的策略选择，而且对于博弈的结局的公共知识都是不对称的，有的掌握得多些，有的掌握得少些，显然掌握得多些的局中人更容易作出正确的策略选择。

第四章

纳什均衡：一荣俱荣，一损俱损

> 《红楼梦》里形容四大家族的时候，用过一个评语，叫作"一荣俱荣，一损俱损"。这个评语翻译成博弈术语就是"纳什均衡"，也即在你中有我、我中有你的情况下所形成的一种稳定的博弈结果。

纳什均衡是较稳定的博弈结果

诺贝尔经济学奖获得者萨缪尔森有句名言：你可以将一只鹦鹉训练成经济学家，因为它所需要学习的只有两个词：供给与需求。博弈论专家坎多瑞引申说：要成为现代经济学家，这只鹦鹉必须再多学一个词，这个词就是"纳什均衡"。

纳什均衡是博弈分析中的重要概念。1950年，还是一名研究生的纳什写了一篇论文，题为《n人非合作博弈的均衡问题》，该文只有短短一页纸，可就这短短一页纸彻底改变了人们对竞争和市场的看法。他证明了非合作博弈及其均衡解，并证明了均衡解的存在性，成了博弈论的经典文献。纳什的这个方法被称为"纳什均衡"。

在纳什均衡中，每一个理性的参与者都不会有单独改变策略的冲动。通俗地说，纳什均衡的含义就是：在给定你的策略的情况下，我的策略是最好的策略；同样，在给定我的策略的情况下，你的策略是最好的策略。即双方在对方给定的策略下不愿意调整自己的策略。由此可见，纳什均衡是一种稳定的博弈结果。

曾有这样一个故事：

杰克和吉姆结伴旅游。经过长时间的徒步，到了中午的时候，杰克和吉姆准备吃午餐。杰克带了3块饼，吉姆带了5块饼。这时，有一个路人路过，路人饿了，杰克和吉姆邀请他一起吃饭，路人接受了邀请。杰克、吉姆和路人将8块饼全部吃完。吃完饭后，路人感谢他们的午餐，给了他们8个金币，路人继续赶路。

杰克和吉姆为这8个金币的分配展开了争执。吉姆说："我带了5块饼，理应我得5个金币，你得3个金币。"杰克不同意："既然我们在一起吃这8块饼，理应平分这8个金币。"杰克坚持认为每人各4个金币。为此，杰克找到公正的夏普里。

夏普里说："孩子，吉姆给你3个金币，因为你们是朋友，你应该接受它；如果你要公正的话，那么我告诉你，公正的分法是，你应当得到1个金币，而你的朋友吉姆应当得到7个金币。"

杰克不理解。

夏普里说："是这样的，孩子。你们3人吃了8块饼，其中，你带了3块饼，吉姆带了5块，一共是8块饼。你吃了其中的1/3，即8/3块，路人吃了你带的饼中的 3 - 8/3 = 1/3 块；你的朋友吉姆也吃了8/3块，路人吃了他带的饼中的 5 - 8/3 = 7/3 块。这样，路人所吃的8/3块饼中，有你的1/3块，有吉姆的7/3块，所以公正的是你只能得一个金币。这样分法符合纳什均衡的原则，按这样来分，你只能得一个金币。"经夏普里这样一说，杰克也不再嚷着多分了。

最后杰克与吉姆达成协议，杰克要了3个金币。经过双方的博弈，双方的选择符合纳什均衡，因为杰克再多要一个金币，吉姆就不平衡了，而吉姆再多要一个金币，杰克也不平衡了。所以杰克3个金币、吉姆5个金币是双方的最佳选择。

《红楼梦》里面形容四大家族的时候，用过一个评语，叫作"一荣俱荣，一损皆损"，就是因为这四个家族你中有我，我中有你，牵一发动全身，他们彼此都知道其他人的策略，并且自己选择和他们合作的策略，所以四大家族绵延一体，不会产生不知道对方策略的困境，而恰好是每次选择都是一个纳什均衡，比如薛蟠打死人后，贾府的庇护，贾与薛家的选择就成了一个纳什均衡。

对于"纳什均衡"我们还可以悟出这样一条真理：合作是有利的"利己策略"。但它必须符合以下黄金定律：按照你愿意别人对你的方式来对别人，而他们必须按同样方式行事才行。也就是我们所说的"己所不欲，勿施于人"，但前提是人所不欲，勿施于我。其次，"纳什均衡"是一种非合作博弈均衡，在现实中非合作的情况要比合作情况普遍。

时时把自己放在优势的位置

齐国原系周室分给功臣姜尚之封邑，姜尚即姜子牙，他是周武王的开国功臣，为周王朝的兴起立下了不朽之功。周武王将他封在营丘（山东临淄北），国号齐，这里是薄姑之民的故地，也是一股巨大的抗周势力。武王让他在这里镇抚薄姑之民，其封疆东至海滨，西至黄河，南至穆陵（山东沂水县北），北至无棣（山东无棣）。齐也是周王室控制东夷的重要力量，同时周王授予他征伐违抗王室的侯伯的权力。

齐国是一个大国，在诸侯中具有举足轻重的力量，至齐桓公姜小白时，"九会诸侯，一匡天下"，成为公认的霸主，盛极一时。

春秋末年，霸主局面近于尾声，中国逐渐进入一个新的时期，即七雄竞争的战国时代。本来春秋初年的大小诸侯国有一百数十个，后经不断兼并，小国渐被消灭。战国初期，大小国家只余下二十来个，其中又以韩、赵、魏、楚、燕、齐、秦最为强大，号称"战国七雄"。燕、楚、秦是春秋旧国，韩、赵、魏则由瓜分晋国而形成，而这时的齐国——姜氏之国——亦大权旁落，渐为卿大夫田氏所控。

春秋初年，陈国发生内乱，公子完奔齐，被任命为工正，这是陈（田）氏立足于齐的开始。在相当长的时间内，田氏与公室关系非常密切。后来，由于齐国奴隶和平民反对奴隶主、反对公室的斗争广泛开展，旧制度的崩溃和公室的灭亡已成必然的趋势。田氏适应形势的发展，走向背离公室的道路。代表新兴势力的田氏家族，采用施恩授惠的手段，与"公室"展开争夺民众的斗争。可是，齐国的旧势力不甘心退出历史舞台，以田氏为首的新兴势力不得不以暴力手段对旧势力展开了猛烈的进攻，于是出现了三次大规模的武装斗争。

在公元前545年，田氏曾孙联合鲍氏以及大族栾氏、高氏合力在齐

第四章 纳什均衡：一荣俱荣，一损俱损

灭了当国的庆氏，之后田氏、鲍氏又共灭栾、高二氏。田桓子继而讨好公族与国人，他规定，那些作为贵族的公子、公孙，如果没有固定的"禄"，就要分给他们一些采邑来供养他们的生活；而国人之中如果有贫困、孤寡的，就要给他们粮食，这样，所有人都支持他。

等到了齐景公的时候，公室日益腐化，剥削日益严重了。田桓子之子田乞，即田僖子，采取了一些争取民心的有效措施。他用大斗借出，小斗回收，于是"齐之民归之如流水"，田氏借此增强了势力。这就是所谓"公弃其民，而归于田氏"。田僖子与齐旧贵族国惠子、高昭子产生了严重的矛盾，国、高二氏当权，田氏在表面上尽职于齐国公族，"伪事高、国者"，暗地里却组织力量，准备推翻国、高二氏。公元前489年，齐景公死，田氏发动政变掌握了齐国政权。

同时，田氏采取了一些利民政策，使民心归附田氏，而重敛于民的"公室"逐渐被抽空了。

田乞死后，其子田恒（田常）代立为齐相，是为田成子。田成子继续采用田僖子所制定的政策，用大斗出、小斗进的办法大力争取民众。田氏暗地里实行笼络百姓的办法，取得了极好的效果。当时流传的民谣唱道："妪乎采芑，归乎田成子。"田氏的这种做法，如果只是赢得民心，但是没有一定的政治和军事实力的话，最终也只能是竹篮打水一场空。所以，这种大斗出、小斗进的补贴平民的办法，是在拼家底，用自己的老本来积攒政治资源，这种做法，是一种带有很大投机性的赌博。

公元前481年，田成子发动武装政变，在民众的支持下，以武力战胜齐简公亲信监止，监止、齐简公出逃，后被杀死。从此以后，田氏成了齐国实际上的国君。

公元前386年，周室册封田和为齐侯，正式将他列为诸侯。过了几年齐康公病逝，姜氏在齐国的统治结束，齐国全部为田氏所统治，史称"田氏代齐"。因为仅国君易姓，国名并未改变，故战国时代的齐国往往被称为"田齐"。

田氏与齐国国君的博弈是一场政治和人生的豪赌，这种博弈必须牢牢把握住优势策略，因为一招错，将会满盘输。

在纳什均衡里，我们要保持占优策略均衡是不容易的，这需要耐心的分析，既关注博弈的另一方，也要关注周围的大环境。如果仅仅是一次简单的对弈，输赢自然无所谓，但有时候一次选择可能关乎你一生的命运，如果此时不保持占优均衡，那么将可能一败涂地，从此后再没机会在人生乃至社会舞台上博弈了。这种选择只许成功，不许失败，就像是一次必须赢的赌博，因为赌博的本钱可能是你生命中的所有家底，输了可能要倾家荡产。

聚集人气，形成规模效应

经常光顾麦当劳或肯德基的快乐一族们不难发现这样一种现象，麦当劳与肯德基这两家店一般在同一条街上选址，或相隔不到100米的对面或同街相邻门面。大多超市的布局同样存在这样的现象，如在北京的北三环不到15公里的道路两侧，已经驻扎了国美、苏宁、大中三大连锁家电的8家门店。从一般角度考虑，集结在一起就存在着竞争，而许多商家偏偏喜欢聚合经营，在一个商圈中争夺市场。

这样选址会不会造成资源的巨大浪费？会不会造成各超市或商家利润的下降呢？

对此，我们可以用纳什均衡予以解释。

假定市场上有甲、乙两个超市，他们向消费者提供的是相同的商品和服务，两者具有优势互补关系；假定甲、乙两个超市的行为目标都是在理性的基础上谋求各自的利益最大化；假定甲、乙两个超市的经营成本是一致的并且没有发生"共谋"；假如甲、乙都选择分散经营，他们各自经营所获得的利润各为3个单位。如果甲选择与其他超市聚合经营，乙选择分散经营，他们各自经营所获得的利润分别为5个单位和1个单位，总效用还是6个单位。

由此可见，选择聚合经营是甲、乙的占有策略，它可以在两者之间形成一个稳定的博弈结果，即纳什均衡。这是因为聚合经营能够聚集"人气"，形成"马太效应"，从而能够吸引更多的消费者前来购买，进而使企业获得更多的利益。分散经营使企业无法获得与其他企业的资源共享优势，从而市场风险明显增大，所以获利能力下降。同理，若甲选择分散经营，乙选择聚合经营，他们各自经营所获得的利润分别为1个单位和5个单位。而甲、乙两家超市都选择聚合经营时，由于两家企业优势互补，所以，两者的利润都会增加为8个单位。

聚合选址不可避免地存在着竞争，企业要生存和发展就必须提升自己的竞争力，连锁企业有个性，才有竞争力。在超市经营上要有特色，方显个性，这就要明确市场定位、深入研究消费者的需求，从产品、服务、促销等多方面进行改善，树立起区别于其他门店类型和品牌的形象。如果聚合的每一个连锁超市都能够做到这一点，就可以发挥互补优势，形成"磁铁"效果，这样不仅能够维持现有的消费群，而且能够吸引新的消费者。

另外，商业的聚集会产生"规模效应"，一方面，体现所谓的"一站式"消费，丰富的商品种类满足了消费者降低购物成本的需求，而且同业大量聚集实现了区域最小差异化，为聚集地消费者实现比较购物建立了良好基础；另一方面，经营商为适应激烈的市场竞争环境，谋求相对竞争优势，会不断进行自身调整，在通过竞争提升自己的同时让普通消费者受益。

正是上面的几个原因，像麦当劳、肯德基似的聚合选址能使商家充分发挥自己的优势，从而将自己的利益最大化，选择聚合经营也就是商家当之无愧的占优策略。在这种博弈中，每一方在选择策略时都没有"共谋"，他们只是选择对自己最有利的策略，而不考虑其他人的利益，也正是这种追求自身利益最大化的本能促成双方最终的纳什均衡。

第五章

囚徒困境：永远的两难决策

> 大家都是明白人，每个人都根据自己的利益作出决策，最后的结果却是谁也捞不到好处，这就是囚徒困境。当你处于囚徒困境中时，没有什么十全十美的好办法既能让自己从困境中逃脱，又能获益，只能尽量做到自己不受侵害，不做傻瓜。

形成于自私的基因

一位富翁在家中被杀,其财物也被盗。警方抓到两个犯罪嫌疑人,并从其住处搜出被害人家中丢失的财物。但他们声称自己是先发现富翁被杀,然后顺手牵羊偷了点儿东西。于是警方将两人隔离,关在不同的房间进行审讯。

警方分别对他们说,由于你们的偷盗罪已有确凿的证据,所以可以判你们 1 年刑期。但是,如果你单独坦白杀人的罪行,我只判你 3 个月的监禁,但你的同伙要被判 10 年刑;如果你拒不坦白,而被同伙检举,那么你就将被判 10 年刑,而他只被判 3 个月的监禁;如果你们两人都坦白交代,那么,你们都要被判 5 年刑。

A、B 二人这时就分别面临两种选择:坦白或者抵赖。究竟该如何作出选择呢?我们来看一下双方的收益矩阵:

A、B 博弈收益矩阵

A/B	坦白	抵赖
坦白	判刑 5 年/判刑 5 年	监禁 3 个月/判刑 10 年
抵赖	判刑 10 年/监禁 3 个月	判刑 1 年/判刑 1 年

通过这个表格我们可以看到,对双方而言,最好的策略显然是双方都抵赖,那样大家都只被判一年。但由于这两人已分别被隔离开来,根本没有机会串供,这就加大了结果的不可预测性,或者说增大了双方合作抵赖的风险性。为了避免这种风险,对 A、B 二人而言,选择坦白交代无疑都是最佳策略。如果同伙抵赖,自己坦白交代,那么自己只会被监禁 3 个月;如果对方坦白而自己抵赖,那自己就得坐 10 年牢,

这太不划算了。因此,在这种情况下还是应该选择坦白交代,即使两人同时坦白,至多也只判 5 年,总比被判 10 年好吧。基于这些理性的分析,选择坦白就成了双方的最佳策略,而原本对双方都有利的策略(抵赖)和结局(被判 1 年刑)就不会出现。

如果他们在接受审问之前能有机会见面并好好谈清楚,那么他们一定会约好拒不认罪。但实际上这还是不可行,因为他们很快就会意识到,那个协定也不见得管用。因为一旦他们被分开,当审问开始,每个人内心深处那种出卖别人为自己换取更有利判决的冲动就会变得难以抑制。这么一来,原本对双方都有利的策略(抵赖)和结局(被判 1 年刑)还是不会出现。

这就是博弈论中经典的囚徒困境。在囚徒困境中,当参与一方采取优势策略时,无论对方采取何种策略,自己都会显示出优势。所以,在日常生活中,人们都会尽量避免选择劣势策略。

参与者之所以会选择优势策略,当然是人人都有的自私心理。在面对上述情况时,每个人都会变得很理性,人人都会自私地追求最大利益,这本无可厚非,却因此导致了非理性的集体,他们在各自的利益驱使下并没有得到最好的结果。"理性人"都是自私的,不会信任彼此,更不会在危难的时候合作。

生活中有很多常见的囚徒困境,比如打扫寝室卫生。到期末或者年末的时候,哈佛大学的多数寝室都挺脏乱的,为什么会很脏乱呢?因为没人打扫。谁都不愿意清理吃剩的比萨、奶酪渣还有面包渣。为什么这些哈佛大学的学生不打扫呢?因为在没有统一协调的情况下,每个人都指望别人去打扫卫生,让别人去打扫是每个人最希望的结果,自己去打扫是每个人最不希望的结果。如果别人不打扫,你最好也别打扫,因为你最不想干的就是为别人打扫卫生。无论是基于人人都有的自私心理,还是懒惰,最后结果往往都是无人打扫,寝室脏乱也就不足为奇了,囚徒困境也就这样形成了。

可怕的"围观"自保心理

现实中的博弈往往并不止两个参与者,这时还会出现囚徒困境吗?答案是肯定的。在多个参与者之间形成的囚徒困境又被称为人质困境。从两个囚徒到一群人质,个人理性与团体理性的巨大冲突能够更真实地反映出来,人质在面对威胁时,面临着同样的心理困境。

1956年2月14日,苏共第二十次代表大会在莫斯科召开。24日,大会闭幕。这天深夜,赫鲁晓夫突然向大会代表们作了《关于个人崇拜及其后果》的报告(即所谓的《秘密报告》),系统揭露和批评了斯大林的重大错误,要求肃清个人崇拜在各个领域的流毒。报告一出,顿时在国内外引起了强烈反响。

由于赫鲁晓夫曾是斯大林非常信任的人,所以很多人心里都有个疑问:你既然知道他的错误,为什么在斯大林生前和掌权的时候,你不提出意见,而要在今天才放"马后炮"呢?

后来,在党的代表会上,当赫鲁晓夫又就这个话题侃侃而谈时,有人从听众席里传来一张纸条,上面写着:当时你在哪里?

可以想象,当时赫鲁晓夫是何等尴尬和难堪,如果回答必然要自暴其短,而如果不答,把纸条丢到一边,装作什么也没发生,那么只会表明自己怯阵,结果必然会被在场的人看不起,从而丧失威信。从台下听众的一双双眼睛中他知道,他们有同样的疑问。

赫鲁晓夫想了想,便拿起纸条,大声念出了上面的内容,然后向台下喊到:"写这张纸条的人,请你马上从座位上站起来,并走到台上。"台下鸦雀无声。赫鲁晓夫重复了一遍,但台下仍然是一片死寂,没有人敢动弹一下。

赫鲁晓夫于是淡淡地说:"好吧,就让我告诉你,当时我就坐在你现在所坐的那个位置上。"

这个故事不仅反映出了赫鲁晓夫的机智和率直,而且表明,在一群人面对威胁或损害时,"第一个采取行动"的决定是劣势策略,因为它意味着惨重的代价,这就是人质困境。

在人质困境中,人质当然有反制策略,实行起来却艰难至极。比如联合劫持者对付人质,结局还是取决于劫持者,因为主动权在他们手中。另一种选择就是所有人质联合起来同时反抗,但是这需要超乎寻常的勇气。因为统一行动最重要的是沟通与合作,而偏偏沟通与合作在这种时候变得非常困难——劫持者由于深知人质联合起来对自己意味着什么,所以他们必然会尽可能阻挠人质们进行沟通与合作,其中包括杀死首先发难的人。

当大家的利益都处在同样威胁之下时,人人自危,都想自保,在人的自我意识里这无可厚非。但是这样的大众心理会影响到整个社会的风气,人的思想都会变得麻木不仁。

人质困境解答了社会生活中的"见义不为"的现象。我们在有人遇到困难时,可能心里也愿意帮忙,但通常会考虑较多。比如,遇见有人落水,会考虑到自己水性不好,如果跳下去,不仅救不上落水的人,自己有可能也要被别人救。而且,面对如此紧急的事件,我们可能缺乏解决实际问题的经验,想通过观察他人的表现来确定自己的行为。不幸的是,他人也许正在观察着我们,以此确定他们行为的方式,结果就出现了群体坐视不救的冷漠行为。而这一结局无疑是令所有人痛心,也令所有人的终极利益受损。波士顿的犹太人屠杀纪念碑上,铭刻着德国新教牧师马丁·尼莫拉留下的短诗,诗中的内容发人深省:

"在德国,起初他们追杀共产主义者,我没有说话——因为我不是共产主义者;

接着他们追杀犹太人,我没有说话——因为我不是犹太人;

后来他们追杀工会成员,我没有说话——因为我不是工会成员;

此后他们追杀天主教徒,我没有说话——因为我是新教教徒;

最后他们奔我而来,却再也没有人站起来为我说话了。"

并非没有破解之道

囚徒困境中，每个人都基于自己的利益作出选择，但结果是谁都得不到好处，所有理性的参与者在自私自利之心的驱动下，导致了所有人的利益"同归于尽"。那么囚徒困境是否可以打破，使困境中的参与者彼此协调，从而使彼此的利益都达到最大化？当然是可以的。

一、制定契约，建立相互信任的关系

在富翁被杀的囚徒困境中，假如每个人都相信对方不会坦白，那么合作抵赖的最佳结果就会出现。因此，实现这种合作的关键是彼此的信任。只要双方能够达成彼此信任的关系，那么合作就会出现。

如何达成彼此信任的关系呢？一个比较有效的方案就是签订一份对双方都有约束力、对背叛者施以严厉惩罚的契约。比如在商业领域，即使双方未曾合作过，也能通过订立合同达成彼此信任的关系，从而实现合作。因为合同中带有违约条款，谁不遵守合同，谁就将承担对自身极为不利的法律后果。

当然，签订合同与诚实守信地去履行合同是两回事，但比起没有合同来，签订具有约束力的合同显然更有利于阻止"背叛"的出现。

二、建立长期关系，进行重复博弈

吸烟者都明白，吸烟可以满足一时的快感，但会导致日后的健康问题。对于只顾满足眼前欲望的吸烟者而言，吸烟将是他的最佳选择。同样的道理，在囚徒困境中，如果参与者不考虑将来，背叛是最好的选择，尤其是博弈只是一次的情况下，在参与者看来，背叛简直就是理所当然的选择。

在单次博弈中，背叛者只看到了预期收益，而不顾预期风险，如果参与者将预期风险也考虑进去，就会对其策略产生影响，因为现实中的博弈有很多是"不定次数的重复博弈"。预期风险的存在，改变了博弈参与者的收益，改变了收益也就改变了参与者的动机。

事实上，重复博弈也更逼真地反映了日常人际关系。在重复博弈中，合作的长期性能够纠正人们短期行为的冲动，这在日常生活里具有普遍性。

三、施以报复，让背叛行为不敢发生

同样是在富翁被杀的囚徒困境中，假如每一个拒绝坦白的囚徒，都可以在刑满释放后对坦白的囚徒进行报复，那么每个囚徒就可能因担心未来的报复而宁愿选择抵赖，这样，双方都抵赖的均衡就出现了，合作达成。

在很多案件中，的确可以看到很多犯罪集团的成员，被拘后拒不坦白。这在很大程度上与惩罚机制有关。因为在犯罪集团中，如果出卖其他成员，将永远无法在江湖立足，并且其家人也将受到其他犯罪集团成员的追杀。正由于这种报复与惩罚机制的存在，使得囚徒间彼此合作，从而打破了"囚徒困境"。

四、通过教育改变收益，进而改变参与博弈的动机

通过教育的方法来改变博弈的收益，从而改变参与者参与博弈的动机，这样也有助于打破囚徒困境。但这种方法必须慎用，因为它并非总是有效。

困境永远不会彻底消失

处于囚徒困境的时候,没有什么十全十美的好办法能让自己既从困境中逃脱,又能获得利益,只能尽量做到使自己不受侵害,并不惜牺牲其他参与者的利益。出卖合作者从道德层面上而言是不对的,但就博弈论来说,则是迫不得已的选择。

两个朋友一起去深山里面游玩,结果遇到了一只熊,他们都十分害怕。其中一个人弯腰下去把鞋带系好,做好逃跑的准备,另一个人对他说:"你这样是没有用的,你不可能跑得比熊快。"那个准备跑的人回答说:"我不需要跑得比熊快,我只要跑得比你快就行了。"

"囚徒困境"下,博弈参与者有时别无选择,他们必须力争让同伴成为最大的牺牲者,这样才能让自己获得"囚徒困境"下可能最好的处境,这就是出卖合作者原则。在这个"朋友和熊"的故事里面,那个准备逃跑的人面临的选择有以下几个:

选择A——不逃被熊吃掉;

选择B——逃跑,被熊吃掉;

选择C——逃跑,得以生还。

在这些选择里面,如果选择逃跑,会有生还的机会,而他的朋友有同样的这三种选择。对于选择逃跑的人来说,只要他选择了逃跑,就会有生还的机会,而他的朋友选择不逃跑,生还的机会自然属于他;朋友选择逃跑,就需要一个附加的条件——他跑得比自己的朋友快,这样才会生还。所以,在这一博弈过程中,无论他的朋友作出什么选择,只要他自己拼命去跑,就会有机会生还,这是一个标准的囚徒困境模式。

囚徒困境之所以会出现,是在这种博弈模型中,每个局中人都以自身利益为第一参考因素。追逐利益是人的本能,每一个人在博弈过程中都是自私的,有时甚至为了自己的私利而不择手段。正是因为人的自私性,所以囚徒困境的难题会出现在诸多事情上。

在美国,人们将领导人任期将满时出现的一种不合作现象称为"跛鸭效应"。比如总统任期的最后阶段,就会出现"跛鸭效应",这损害了他们为别人提供合作动机的能力,从而会造成很多问题。与总统类似,很多公司的总裁们,在任期的最后阶段也会出现这种情况。重复博弈的精髓就是,未来为现在供提了动机。之所以会有这种"跛鸭效应"的产生,是将失去来自未来的激励,所以同时失去了对未来的回报或惩罚的承诺,导致合作破裂,领导人从博弈中得以解脱,"背叛"的诱惑将难以遏制。

现在假设甲、乙两个对手进行囚徒困境博弈,会出现怎样的情形呢?假如这个博弈只玩一次,双方都可能使坏。假如甲使坏,乙也跟着使坏,甲、乙收益为(3,1);假如甲善意,乙使坏,甲、乙收益为(0,3);甲善意,乙善意,则收益为(2,2);甲使坏,乙使坏,则双方收益为(1,1)。因此,不管对手怎么做,假如这个博弈只玩一次,坏心一定比较有利。但假如博弈1000次,情况会是什么样子?

假如在整个博弈中,甲、乙都使坏,双方的效用都是1分。但要是甲、乙两个一直都不使坏,双方的效用就是2分。假如甲、乙其中一个开始使坏,对手就会跟着使坏,于是双方就会形成只得1分报酬的僵局。所以甲宁可先表达善意,希望乙也跟进,假如乙不使坏,甲的确可以占乙的便宜而使坏一回合。如果每次是甲采取先动策略,那在最后一回合甲肯定要使坏,而乙很可能预知甲使坏而在前一回合就开始使坏。

既然如此,甲在第999回合应该怎么做?甲在第999回合选择使坏一定可以得到比较高的报酬。假如甲不想在第999回合选择使坏,唯一的理由就是为了让对手在第1000回合对自己不使坏。但前面已经论证,不管怎么样,乙在第1000回合都应该会使坏。因此,双方在第999回合都应该选择使坏。当然,这表示他们在第998回合也应该选择使坏,因为双方在第999和第1000回合一定会选择使坏。如果我们把这个逻辑一直往回推，可以证明甲在第一回合就应该选择使坏！

因此，就算这个囚徒困境博弈进行 1000 亿次，只要这个博弈存在确定的最后一次，理性的参与者在每个回合都应该会选择使坏。

博弈论认为，当两个博弈者陷入有限次数重复性博弈中的囚徒困境时，他们一般会选择使坏。然而，经济学作为一门科学，自然少不了实践这一环节。可是，就实践结果来说，当博弈参与者实际陷入有限次数重复博弈的囚徒困境时，他们往往会善待对方，尤其是在前面几回合。理论与现实之间为什么会出现这种落差？

现实中我们却发觉，人们的博弈并不像博弈论学者说的那样。当然，也可能是博弈论学者的假设出了问题。在生活中，有很多人的善良都超过了应有的程度，但他们也不喜欢吃亏。比如，你认为你的对手一开始会选择善意，但你也觉得假如你开始对他使坏，他就会对你使坏。此时你应该怎么做才好？你或许应该选择不使坏，直到最后一次为止。当然，到了最后一次时，你有理由背叛你的对手。

在有限次数的重复博弈中，理性的双方之所以绝对不可能善待对方，就在于这最后一回合的背叛。既然理性的对手在第 1000 回合一定会背叛你，你在第 999 回合就应该背叛他。同样地，既然你在第 999 回合会背叛他，他在第 998 回合就应该对你使坏，而这当然表示存在第 997 回合会对他使坏，以此类推，你们不会有任何一回合给对方留下善意空间。

如果一种合作关系有个已知的终点，而且合作关系中的每个人都知道在某个时间这种关系会终止，那我们基本上就不能通过重复博弈来维持合作，囚徒困境终究还不会消失。

第六章

智猪博弈：学会借力打力

> 大家或许不曾料到，有时占优势的我们，得到的结果往往有悖于初始的理性。原因是社会上普遍存在着搭便车的现象，相对处于弱势的一方常常会"寄生"在优势者身上，而且优势一方常常对此无可奈何。这就是大家以后要经常面对的"智猪博弈"。

搭便车不都是小猪的错

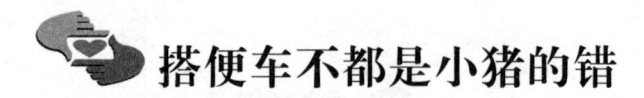

在一个很大的猪圈里有大小两头猪。猪圈一边有一个踏板，另一边是饲料的出口和食槽，踩下踏板之后就会有 10 份猪食进入食槽，但是踩下踏板后跑到食槽边消耗的体力，需要吃 2 份猪食才能补充回来。问题在于，踏板和食槽分别在猪圈的两端，踩踏板的猪从按钮处跑到食槽的时候，食物已经被另一头猪吃得差不多了。

在这种情况下，两头猪都有两个策略可供选择：自己去踩踏板或等待另一头猪去踩踏板。如果其中一头猪选择自己去踩踏板，不仅要付出劳动，消耗掉两份饲料，而且由于踏板远离饲料，它将比另一头猪后到食槽，从而减少吃到的食量。

我们假定：若小猪踩踏板，大猪先到将吃掉 9 份饲料，小猪只能吃到 1 份，最后双方收益为（9，-1）；若大猪踩踏板，小猪先到，大猪和小猪将分别吃到 6 份和 4 份的饲料，最后双方收益为（4，4）；若两头猪同时踩踏板，同时跑向食槽，大猪吃到 7 份，小猪吃到 3 份，双方收益为（5，1）；若两头猪都选择等待，那就都吃不到饲料，即双方收益均为 0。双方的收益矩阵如下：

大猪和小猪的收益矩阵

大猪/小猪	踩踏板	等待
踩踏板	5，1	4，4
等待	9，-1	0，0

从双方的收益矩阵中可以看出：小猪踩踏板只能吃到 1 份甚至损失 1 份，不踩踏板反而可能吃到 4 份。那么对小猪而言，它的优势策略就

是：无论大猪是否踩动踏板，采取"搭便车"策略，等在食槽边都是它最好的选择。

因为两头猪都足够理性，由于小猪有"搭便车"这个优势策略，大猪便只剩下了两种策略可供选择：等待就吃不到，这是它的劣势策略；踩踏板可以吃到 4 份，这是它的优势策略，所以大猪有足够的动机去踩踏板。

当大猪知道小猪不会去踩动踏板，自己去踩踏板总比不踩强，所以只好为能吃到 4 份饲料而不知疲倦地奔忙于踏板和食槽之间。

这就是博弈论中著名的"智猪博弈"模型。

智猪博弈与囚徒困境的不同之处在于：囚徒困境中的犯罪嫌疑人都有自己的严格优势策略；而在智猪博弈中，只有小猪有严格优势策略，大猪没有。智猪博弈存在的基础，就是双方都无法摆脱共存局面，而且必有一方要付出代价换取双方的利益。一旦有一方的力量足够打破这种平衡，共存的局面便不复存在，期望将重新被设定，智猪博弈的局面也随之破解。

无处不在的搭便车行为

欧佩克成员国的石油生产能力各不相同,沙特阿拉伯生产能力远远超过其他成员国。为了控制石油价格,欧佩克经常要求各成员国严格按照配额生产石油,但由于遵守配额规定后收益的格局不同,各成员国对待配额采取的策略也有较大差异。以沙特和科威特为例,假定欧佩克只有这两个成员国,其中沙特的石油产量配额是400万桶/天,产能是500万桶/天;科威特的石油产量配额是100万桶/天,产能是200万桶/天。

基于双方的不同选择,投入市场的总产量可能是500万桶、600万桶或700万桶。假定双方相应的边际利润(每桶价格减去每桶生产成本)分别为16美元、12美元和8美元。那么沙特和科威特对于是否遵守配额的不同策略将取得不同的边际收益,双方收益矩阵如下:

沙特和科威特边际收益矩阵

沙特/科威特	100万桶/天	200万桶/天
400万桶/天	6400,1600	4800,2400
500万桶/天	6000,1200	4000,1600

在沙特和科威特都遵守配额的情况下,总体收益最大:每天8000万美元,沙特6400万美元,科威特1600万美元,欧佩克控制石油市场价格的意图得到实现,其他成员国都会从中获益。在双方都作弊的情况下,总体收益最小:每天5600万美元,沙特4000万美元,科威特1600万美元,欧佩克的市场垄断行为失败,其他成员国跟风而上,石油价格下跌。

通过收益矩阵我们还可以看出,科威特出于纯粹的自利目的,作弊是它的优势策略,即不管沙特是否遵守石油生产配额,它作弊的收益均大于或等于1600万美元。而沙特阿拉伯的优势策略是遵守合作协议,每天生产400万桶。所以沙特阿拉伯一定遵守协议,哪怕科威特作弊也一样。

沙特遵守协议并不是体现什么大国责任,而是它的产量占欧佩克的份额较大,遵守配额使石油的市场投放量维持在一个较低的水平上,市场价格攀升,边际收益上扬的较大部分将落入自己的腰包,牺牲一些石油产量也是合算的。

这个例子描述了"搭便车"的一种途径:找出一个心甘情愿踩踏板的"大猪",让它去来回奔波,并容忍其他"小猪"作弊。

在许多国家内部,一个大政党和一个或多个小政党必须组成一个联合政府。大政党一般愿意扮演负责合作的一方,委曲求全,确保联盟不会瓦解;而小政党坚持它们自己的特殊要求,选择通常可能偏向极端的道路。

在国际政治中,正如哈佛大学著名校友亨利·基辛格在《大外交》中所指出的:几乎是某种自然定律,每一世纪似乎总会出现一个有实力、有意志且有知识与道德动力,希图根据其本身的价值观来塑造整个国际体系的国家。而这样的国家,也就责无旁贷地担当起国际事务中的"大猪"角色。比如17世纪到18世纪的法国和英国,19世纪梅特涅领导下的奥地利,以及随后俾斯麦主政下的德国,而到了20世纪,最能左右国际关系的国家则非美国莫属。再没有任何一个国家能够像美国一样,如此一厢情愿地认定自己负有在全球推广其价值观的责任,因而也没有任何国家像美国对海外事务的介入达到如此高的程度,并且在防务联盟开支中如此自愿地承担一个不恰当比例的份额,大大便宜了西欧和日本。美国经济学家曼库尔·奥尔森将这一现象称为"小国对大国的剥削"。

在社会生活的其他领域也是如此。在一个股份公司当中,股东都承担着监督经理的职能,但是大小股东从监督中获得的收益大小不一样。在监督成本相同的情况下,大股东从监督中获得的收益明显大于小股东。因此，小股东往往不会像大股东那样去监督经理人员，而大股东也明确无误地知道不监督是小股东的优势策略，知道小股东要搭大股东的便车，但是别无选择。大股东选择监督经理的责任、独自承担监督成本，是在小股东占优选择的前提下必须选择的最优策略。这样一来，与智猪博弈一样，从每股的净收益来看，小股东要大于大股东。

这样的客观事实就为那些"小猪"提供了一个十分有用的成长方式，那就是"借"。仅仅依靠自身的力量而不借助外界的力量，一个人很难成就一番大事业。大雁高飞横空列阵，全凭大家的长翼相互借力。

第七章

枪手博弈：在多元关系中明智生存

> 　　枪手对决，胜者为王。但是枪手们自己知道，在多方对战的时候，最关键的并不在于先干倒哪个对手，而是要先保全自己。
>
> 　　在多人博弈中，复杂关系的存在常常导致出人意料的结局。一位参与者能否最后胜出，不仅仅取决于其实力，更取决于实力对比关系以及各方博弈的策略。

谁能最后活下来

在美国的一个西部小镇上,有三个枪手之间的仇恨已经到了不可调和的地步。这一天,三人在街上不期而遇,每个人的手都握住了枪把,决战一触即发。

三个枪手对于彼此之间的实力对比都了如指掌:枪手甲枪法最好,乙次之,丙最差。假如三人同时开枪,谁活下来的概率大一些?

多数人可能会猜是枪法最精准的甲,实际上结果可能会令你吃惊:最可能活下来的是丙——枪法最差的那个家伙。

假如三个人都彼此痛恨,都不可能达成协议,那么作为甲来说,必定会先对乙开枪。因为对于甲来说,乙、丙二人中,乙对他的威胁最大,所以他只能先瞄准乙而不是丙,这是他的最佳策略。

同样,对乙来说,他会把甲作为第一目标。很明显,一旦把甲干掉,如果还有下一轮的话,和丙对决,他的胜算较大。相反,如果他先射击丙,即使活到了下一轮,与甲对决,也是凶多吉少。而作为丙来说,他此时便完全具有后发制人的优势。他可以等到双方的枪战结束,而结果无外乎两种,两死或一死一伤。如果两死对丙当然是最好的结局,但如果是一死一伤,那么丙也完全可以利用后发优势置对方于死地。

基于上述推理,我们可以得出如下结论:第一轮枪战过后,甲能活下来的机会最小,乙次之,而丙存活的概率是100%。丙在这一轮很有可能就已经成为胜利者。即使甲或乙中有人幸存下来,那么在第二轮中也并非十拿九稳,所以丙还是有机会成为胜者。

如果现在换一种开枪方法,三人轮流开枪,那么谁的机会更大呢?

在这里,不管怎么排序,丙的机会都好于他的实力。因为他对甲、

第七章 枪手博弈：在多元关系中明智生存

乙两个人构成的威胁是最弱的，所以至少他不会在第一枪就被打死，而且他很可能会有第二轮先开枪的机会。

例如顺序是甲、乙、丙。甲先打死了乙，然后轮到丙开枪。虽然丙的枪法不怎么样，但是这意味着他有将近一半的机会赢得这次决斗，因为甲也不是百发百中。如果乙幸运地躲过了甲的枪，那么他一定会回击甲，而丙仍旧是占有优势的。

如果三人中首先开枪的是丙，那么怎么做才是保全自己的最好方法呢？我们之前假设，三个人都是理性地思考自身利益的人。如果丙朝甲开枪，他打不中的话，甲也不会向他开枪，因为他不是甲的主要威胁。而万一他打中了甲，下一个开枪的是乙，那么丙就会非常危险了。所以丙最好的策略是不打中任何人，随便开一枪，那么就不会破坏他占有的优势。

这就是典型的枪手博弈。在这场博弈中，在甲没有被打死之前，乙丙互相不是敌人。人们都会考虑对自己最大的威胁，打倒这个人，两个人的生存机会都会上升。

在多人博弈中，一个人的取胜并不完全取决于他的实力，有时候，要看清他身处在什么样的复杂关系之中。

枪手如何更好地生存

博弈是一种互动的策略性行为,在每一个利益对抗中,人们都是在寻求制胜之策。在枪手博弈中,一个枪手的生死由另外两个枪手的射击方向所决定,如何通过策略选择在"枪手博弈"中更好地生存,是每一个枪手必须面对的问题,无论是强者还是弱者。事实上,通过上一节的博弈模型我们可以得知,在枪手都是理性的前提下,实力最强的枪手反而最可能先倒下,所以,策略选择对每一个参与者而言就变得非常必要。

一、找到心照不宣的合作者

在枪手博弈模型中,我们发现,枪手乙和枪手丙似乎达成了某种默契:在甲被杀死以前,他们不是敌人,即丙和乙之间达成了一个心照不宣的攻守同盟。

其中的道理很容易理解,毕竟人总要优先考虑对付最大的威胁,同时这个威胁为他们找到了共同利益,联手打倒这个人,他们的生存机会都上升。

这种与竞争方合作从而在多人博弈中取胜的方法,在现代商业竞争中有很多成功的运用实例。

可口可乐和百事可乐,在一般消费者看来,是饮料市场上两个水火不容的对手,他们的市场竞争可谓你死我活,似乎每家都希望对方忽然发生重大变故,从而将市场份额拱手相让。但是多年来,这种局面让两家都赚了个盆满钵满,而且从来没有因为竞争而使第三者异军突起。

认真分析一下我们就会发现,这两位饮料市场的龙头老大,实际上存在着一种类似于枪手丙和乙之间的攻守同盟，形成了一种有合作的竞争关系。它们真正的目标是消费者以及那些雄心勃勃的后起之秀。只要有企业想进入碳酸饮料市场，它们就会展开一场心照不宣的攻势，让挑战者知难而退，或者一败涂地。这是两大行业巨头彼此制衡同时消除外来威胁的方式。

在生活中，竞争是与合作并存的。当面对共同的困难时，即使原先存在着竞争关系的双方，这时候为了保护他们的共同利益，也会选择同仇敌忾，共同抵抗外来威胁。当我们遇到这样的威胁时，要从大局出发，寻找出与自己心照不宣的合作者，作出对双方都有利的策略。这时候若鼠目寸光，不知进退，往往就会两败俱伤。

二、避开锋芒

在各种交际场合，我们都会遇到双方或多人博弈的局面，经常会遇到强大的对手，而且他们在某一方面似乎无懈可击。这个时候，拼命和别人比优势往往会让自己处于非常不利的局势，所以选择避开锋芒是对自己一种很有效的保护。

三、置身事外

枪手博弈中，在枪弹横飞之前甚至过程中，也仍然会出现某种回旋空间。这时候，对于尚未加入战团的一方来说是相当有利的。因为当另外两方相争时，第三者越是保持自己的含糊态度，保持一种对另外两方的威胁态势，其地位越是重要。当他处于这种可能介入但尚未介入的状态时，更能保证其优势地位。

这就启示我们，人在很多时候都需要一种置身事外的艺术。如果你的两个朋友为了小事发生了争执，你已经明显感到其中一个是对的，而另一个错的，现在他们就在你的对面，要求你判定谁对谁错，你该怎么办？

其实在这时候一个聪明的人不会直接说任何一个朋友的不是，因为这种为了小事发生的争执，影响他们作出判断的因素有很多。而不管对错，他们相互之间都是朋友。当面说一个人的不是，不但会极大地挫伤他的自尊心，让他在别人面前抬不起头，甚至很可能会因此失去他对你的信任；而得到支持的那个朋友虽然一时会感谢你，但是等明白过来，也会觉得你帮了倒忙，使他失去了与朋友和好的机会。

第八章

胆小鬼博弈：懂得进退之道

> 两车相对飞驰，要想让对手相信你绝对不会退却，你就必须表现得足够强硬。你越是表现强硬，对方就越有可能让路。但如果你知道对手绝对会硬干到底，那么最好的策略就是当个胆小鬼。对对方而言，道理同样如此。谁都不愿意和对方同归于尽，所以适时转弯是胆小鬼的最优策略。

谁是胆小鬼

在一个大力马车赛中，按照规则要求，麦可和奈尔两名车手分别驾车同时驶向对方，这样会有撞车的危险。如果一人在最后时刻把车转向，那么这个人就会输掉比赛，被视为胆小鬼；倘若两人都不肯转向，两车就会相撞，两人非死即伤；而如果两人同时将车转向，在这个博弈中没有获胜者。

这个情节来自20世纪50年代美国的一部电影，是胆小鬼博弈模型的来源。虽然这是编剧虚构的，但现实中也不乏类似的事例。比如，两辆相向行驶的汽车狭路相逢、互相都不让道的情况。从博弈的盈利结构来看，应该说双方采取一种合作态度——至少是部分的合作态度，选择转向可能是有利的。但实际情况与理论相去甚远，因为两辆车若都采取合作的态度，这个博弈中出现的情况将是两辆车同时转向避让。因此在现实中，（向前，转向）和（转向，向前）才是这个博弈的纳什均衡。即如果一个司机选择转向，则另一个司机最好是选择向前；如果一个司机选择向前，则另一个司机最好是选择转向。

在胆小鬼博弈中，如果博弈参与一方是性格鲁莽、不顾后果的，而另一方是足够理性的人，那么"亡命之徒"极可能是博弈的胜出者。这就告诉我们，在胆小鬼博弈中获胜的关键，是要让对手相信你绝对不会退却，你越是表现强硬，对方就越有可能让路；但如果你知道对手绝对会硬干到底，那么最好的策略就是当个胆小鬼。撞车的结局是谁也不愿看到的，所以在最后关头转弯，是双方的最优策略。

可问题是这个"最后关头"很难把握。在飞驰的车上，也许生死存亡就在一念之间，也许这一秒钟你还在指望对方妥协，下一秒钟你们就同归于尽了。所以说，这个"最后关头"策略并不是一个"绝对正确"的选择。

第二次世界大战以后，美苏争霸的国际格局逐渐形成。在竞争中，两国互有胜负，总体上处于均衡态势。等到罗纳德·里根就任美国第四十任总统时，无论是在原子弹、氢弹等核武器的研制上，还是在如隐形战斗机等常规武器的研制上，苏联都占据了上风。为了扭转这一被动局势，里根政府提出了"星球大战"计划，意图通过军备竞赛来拖垮对方。双方的竞争相当于拍卖中的轮番出价，竞拍者均不断出更高的价，如果一方没有出更高的价钱，不继续竞赛下去，那么将输掉自己过去为了这次竞赛付出的所有努力，而对方将赢得全部。如果继续竞赛下去，一旦支撑不住，损失同样巨大。由于内部经济发展不平衡，苏联政府逐渐在新一轮的军备竞赛中败下阵来。

美国和苏联进行的你死我活的较量，就是一种胆小鬼博弈，这是一种典型的"零和博弈"，赢的人得到的恰恰是输的人损失的，两个人的利益总和并没有增加。陷入到胆小鬼博弈中的任何一方，为了证明自己并不是胆小鬼都会不停地争斗下去，无法自拔。

以美苏争霸为例，无论双方受到什么损失，它们都要坚持下去。因为如果自己在某一方面退缩了，就有可能导致全面溃败。它们就像独木桥上高速行驶的两辆超级战车，如果没有人转弯，两辆战车就会撞在一起。如果其中一辆转弯，转弯的那辆就会掉进河里，虽然可以避免与对手同归于尽的惨剧，但是丧失了自己的战斗力。里根政府用"星球大战"计划拖垮了苏联，使苏联这辆超级战车不得不放弃和美国继续争夺霸权的努力，而世界在苏联退出争霸以后就已成为美国的独木桥了。

如果故事只到这里，美国的计划只是在消耗自己大量国力的同时拖垮对手，只能算得上是"杀人一万，自损八千"的惨胜。但是后来由于美国中央情报局冷战时期一些密件的曝光，使这个故事发生了戏剧性的转折。

原来，"星球大战"计划只是美国政府的一个骗局，里根政府只是向世界放出"星球大战"计划的烟幕弹，以此让苏联不断地投入自己的金钱，与美国进行一场实际不存在的军备竞赛。虽然美国五角大楼发言人解释说,"星球大战"计划没有实施,是因为不具备可操作性。但这种解释丝毫不能掩饰"星球大战"计划就是一场骗局,可苏联还是上当了。很多人都会嘲笑苏联,因为它进行了一场并不存在的竞争。实际上,在生活中犯同样错误、陷在胆小鬼博弈中无法自拔的人也不在少数。

有一个笑话:一个教授在半夜两点时接到邻居的一个电话,邻居非常生气地对教授说:"请你管好你的狗,它的叫声让我没法睡觉。"说完,邻居就挂了电话。教授感到非常莫名其妙,可是他很快就想出整治对方的办法。第二天,教授定好闹钟后就早早睡觉了,半夜两点整的时候,教授听到了闹钟铃响,然后起床,接着拨通邻居的电话,对睡意蒙眬的邻居说:"尊敬的夫人,昨天我忘告诉您了,我家其实并没有养狗。"说完就挂了电话,然后舒舒服服睡觉去了。

笑话到这里就结束了,可是我们不妨分析一下,邻居极可能会选择第二天的半夜两点再给教授打电话,然后教授和邻居就会不停地在凌晨两点给对方拨电话,弄得对方不得安宁,自己也无法得到休息。教授和邻居很显然处在胆小鬼博弈当中,他们为了取得胜利只能不断争斗下去,除非有一方自动认输,否则凌晨两点的电话会不停地进行下去。

第八章　胆小鬼博弈：懂得进退之道

胆小和胜利，在于你如何看待它

胆小鬼游戏中只会有一方获胜，双赢是不存在的。因此，胆小鬼游戏更多的是零和博弈，一方之所得为另一方之所失，对抗双方得失相加为零。

在胆小鬼博弈模型中，双方所具备的客观资源是相同的，双方在一定程度上比的是"胆量"，因此决策就相对简单。

一、多坚持一下就好

美国内战时，一个老兵参加了很多次战斗。一次，战斗进行得异常激烈，老兵和战友们分开搜索残余的敌人。他刚转过一块大岩石，迎面就撞上了一个同样端着步枪的人。老兵马上认出这个人是敌人，对方几乎同时发现了这一点。两个人都将枪口对准对方胸膛，在这种情况下要想保全性命，必须有一方投降。双方对峙着，枪口对着枪口，目光对着目光，意志对着意志。老兵大脑中一片空白，他征战沙场多年，从未遇到过这种情况。但此时只有一个信念支撑着他："必须有一方投降，但投降的绝不是我！"双方僵持了很长时间，老兵撑住了，对方终于坚持不住，扔掉了步枪，对老兵连喊饶命。老兵押着敌人见到自己人时，就再也坚持不住了，一屁股跌坐在地上。

战争就是一场胆小鬼博弈，处于战争中的双方只有两种结果——赢或者输。在战斗中哪一方能够咬紧牙关再坚持一下，哪一方就会取得优势，无论是哪一方露出破绽都有可能被对方乘虚而入，以致输掉战争。在生活中，如果你可以回避这种极有可能两败俱伤的博弈时，就尽量回避它，当你一旦陷入到胆小鬼博弈当中时，最简单也是最好的策略就是比对手多坚持一下。要像那位老兵学习，心中抱着一个信念："必须有一方投降，但投降的绝不是我！"只要坚持下去，也只有坚持下去你才能获得胜利。我们要明白，有时候我们只有输或者赢这两种选择，绝对没有第三种选择，如果不想输，那就只能坚持。

二、善用威胁

在胆小鬼博弈中，威胁是一种非常有效的手段。使用这种手段时，需要注意如何让对方相信自己的威胁，不被对方相信的威胁是没有任何效果的。

里根政府提出"星球大战"计划是因为苏联在核力量上超过了美国，然而这种局面的出现源于美苏争霸中的另一场博弈。1962年，美国政府发现苏联秘密在古巴建立了中程导弹基地，当时执政的肯尼迪政府迅速对古巴进行军事封锁，同时通过外交途径要求苏联立即拆除在古巴的导弹并且撤走一切科技人员，同时威胁苏联政府说如果苏联和古巴拒绝这样的要求，那么美国不排除有动用核武器的可能。此时，战争一触即发，苏联领导人赫鲁晓夫接到了美国政府的威胁以后，最终决定拆除在古巴的导弹基地，古巴导弹危机就此解决。之后苏联就注意提高自己的核力量，并很快超过了美国。

在古巴导弹危机中，美国最终能够取得胜利就是因为美国有效的威胁，苏联因为承受不了巨大威胁只能选择让步。与其他博弈不同，在胆小鬼博弈中，双方要想前进并取得胜利只能依靠对方的退步，如果对方与己方针锋相对的话，多半会出现两败俱伤的结果。如果当时赫鲁晓夫对于美国的威胁无动于衷，那么第三次世界大战很有可能因此爆发。

以上都是两方参与的胆小鬼博弈情形，而现实中可能有多方同时参与博弈，而且参与方具备的资源相差很大，因此决策时要困难得多。因为强者具有资源上的优势，他们往往容易作出决策，而弱者因为弱小，为了维护自身的利益更需要决策的艺术。对弱者来讲，如何在胆小鬼博弈中取胜，必须慎重思考：

一、避免冲突

当然这是在可以避免的情况下，如果无法避免，那就只有拿出胆量来。在尽可能的情况下，相对弱小的一方要避免冲突，与巨人同行，就要避免与巨人发生直接对抗。这种例子很多，比如美国在崛起时，就尽量避免与当时力量远胜于自己的英国发生直接对抗。

二、追求双赢

弱者在与强者的竞争中不一定就是失败者，要通过努力争取最大的利益，达到互利双赢。

三、选择好"优势策略"

弱者要选择最适合自己特点的"优势策略"。

第九章

蜈蚣博弈：充分运用倒推法

> 我们知道在许多国际象棋比赛中，参赛的每个选手都必须向前展望或预测，估算对手的意图，从而倒后推理，决定自己这一步应该怎么走。这是一条线性的推理链："假如我这么做，他就会那么做——若是那样，我会这么反击……"在博弈论中与之相对应的一种模型就是蜈蚣博弈，这个博弈模型为我们解决问题提供了一个非常有用的方法——倒推法。

海盗们是如何分赃的

海盗是一帮亡命之徒,在海上抢人钱财,夺人性命,干的都是刀头上舔血的营生。然而很少有人知道,海盗是世界上最民主的团体,而且做海盗的都是桀骜不驯的汉子,他们富有独立精神。

平时,海盗们之间的一切事都由投票解决。船长的唯一特权,就是拥有自己的一套餐具。可是在他不用时,其他海盗是可以借来用的。海盗船上的唯一惩罚,就是把人丢到海里去喂鱼。现在船上有若干个海盗,要分抢来的100枚金币。这样的问题自然是由投票来解决的。投票的规则如下:

(1)抽签确定各人的分配顺序号码(1,2,3,4,5);

(2)由抽到1号签的海盗提出分配方案,然后5人进行表决,如果方案得到超过半数的人同意,就按照他的方案进行分配,否则1号就要被扔进大海去喂鲨鱼;如果1号被扔进大海,则由2号提出分配方案,然后由剩余的4人进行表决,当且仅当超过半数的人同意时,才会按照他的提案进行分配,否则他也将被扔入大海。

我们先要对海盗们作一些假设:

(1)每个海盗的凶残性都不同,而且所有海盗都知道别人的凶残性,也就是说,每个海盗都知道自己和别人在这个方案中的位置。另外,每个海盗又都是很聪明的人,都能非常理智地判断得失,从而作出选择。最后,海盗间私底下的交易是不存在的,因为海盗除了自己谁都不相信。

(2)每个海盗当然不愿意自己被丢到海里去喂鱼,这是最重要的。

(3)每个海盗都希望自己能得到尽可能多的金币。

(4)每个海盗都是功利主义者,如果在一个方案中他得到了1枚金币，而在下一个方案中，他就有两种可能，一种是得到许多金币，一种是得不到金币。不管怎样，他都会同意目前的这个方案，而不会有侥幸心理。总而言之，他们相信二鸟在林，不如一鸟在手。

（5）最后，每个海盗都很喜欢其他海盗被丢到海里去喂鱼，所以在不损害自己利益的前提下，他会尽可能投票让自己的同伴去喂鱼。

如果海盗和他们的分配原则都如我们上面假设的那样，那么我们运用倒推理论，得出海盗会作出如下的理性分析：

首先从 5 号海盗开始，因为他是最安全的，没有被扔下大海的风险，因此他的策略也最为简单，就是前面的人无论作什么分配方案，他都投否定票，即前面的人全都被扔进大海里，那么他就可以独占这 100 枚金币了。

接下来看 4 号，他的生存机会完全取决于前面还有人存活着，因为如果 1 号、2 号和 3 号海盗全都喂了鲨鱼，在只剩 4 号与 5 号的情况下，不管 4 号提出怎样的分配方案，5 号一定都会投反对票来让 4 号去喂鲨鱼，以独吞全部金币。就算 4 号为了保命把全部的金币都给 5 号，提出（0，100）这样的方案，但是基于我们之前的假设，5 号还有可能觉得留着 4 号有危险，因而会投反对票以让他去喂鲨鱼。因此出于理性 4 号是不会冒这样的风险的，不能把存活的希望寄托在 5 号的选择上，所以他只有无条件地支持 3 号才能绝对保证自身的安全。

再来看 3 号，他经过推理，知道 4 号和 5 号的盘算，就会提出（100，0，0）这样的分配方案，因为他知道 4 号哪怕一无所获，为了保命也还是会无条件地支持他，那么再加上自己的 1 票就可以使他得到这 100 枚金币了。

而 2 号也经过上述的逻辑推理知道 3 号的分配方案，如果他想让自己的方案通过，那么就必须获得除自己之外的两个人的赞成，经过思考，他会提出（98，0，1，1）的方案。因为这个方案相对于 3 号的分配方案，4 号和 5 号至少可以获得 1 枚金币，对于 4 号和 5 号来说，这个方案对他们相对来说更有利，所以他们会支持 2 号，因为如果由 3 号来分配的话，他们会一无所获。这样，2 号的方案就会得以通过，他也可以拿走 98 枚金币。

最后来看1号海盗，他经过一番推理之后明白所有人的心理，也了解2号的分配方案。如果要使自己的方案得到通过，他要采取的方案相对于2号的来说，要给3号、4号、5号中的两个人更多的利益。所以他将采取的策略是放弃2号，而给3号1枚金币，同时给4号或5号2枚金币，即提出（97，0，1，2，0）或（97，0，1，0，2）的分配方案。

这是由于1号的分配方案对于3号来说，3号至少可以得到1枚金币，这比2号提出的让他得到0枚金币的方案对他更有利，所以他会赞成1号。对于4号或5号来说，其中一个人会获得2枚金币，那么也是相比之前所有的方案获得的利益都要多。而1号只要争取到3号、4号、5号中两个人的赞成，再加上他自己的一票就可以轻松获得97枚金币，所以他只要给4号或5号中的一个人两枚金币就可以了。

所以，要解决"海盗分赃"问题，我们总是从最后的情形向前推，这样我们就知道在最后这一步中什么是好的和坏的策略。然后运用最后一步的结果，得到倒数第二步应该作策略选择，依此类推。要是直接从第一步入手解决问题，我们就很容易因这样的问题而陷入思维僵局："要是我作这样的决定，下面一个海盗会怎么做？"

海盗分赃运用的这种倒推法，是反映蜈蚣博弈的经典模型。蜈蚣博弈就是一种从终点往前倒推的理论。在这个模型里，每一个人都运用倒推的逻辑思维来考虑自己的最优选择。而在实际生活中是一样的。当面对这样的局面时，如果想达到自己的目的，那么就要考虑和兼顾他人的想法，调整自己的方案，来达成自己的希望。

第九章 蜈蚣博弈：充分运用倒推法

倒推法与逆向选择

逆向思维不仅应用于平时对于问题的理性思考中，在生活中它也给予我们很多的启发。

一对夫妻和他们6岁的儿子要搬到城里住，先去找房子。跑了整整一天，直到傍晚，才发现一套比较合意的公寓。

一家三口很兴奋，这时，房东走了出来，打量了3位客人一番。

丈夫鼓起勇气问房东："请问这公寓出租吗？"

房东看了看小孩，遗憾地说："真是对不起，我们公寓不招有孩子的住户。"

丈夫和妻子听了，一时不知该怎么办，他们试图说服房东，但是房东不容置疑的神情让他们放弃了这个想法。他们只好沮丧地离开，准备再继续去找。

但是他们6岁的儿子把事情都看在了眼里。他灵机一动，又去敲开房东的大门。他的爸爸妈妈都很诧异地看着他，不知道他要做什么。

门开了，房东又出来了。这个聪明的孩子大声地说："先生，这个房子我能租吗？您看我没有孩子，我只带来两个大人。"

房东听了之后，惊讶了一下，随后哈哈大笑了起来，决定把房子租给他们一家。

这个聪明的孩子就是成功运用了逆向思维，才让本来已经发生的结果出现了逆转，这其中就包含"逆向选择"的思想。

格鲁丘·马克斯说，"我拒绝加入任何会收我为会员的俱乐部。"这句话体现了逆向选择的精髓。

如果你很想对商业多了解一点，于是你向全美十所著名学校的商学院提出入学申请，结果有九家录取你，只有哈佛大学商学院一家没有通过。不幸的是，你最想去的就是拒绝你的哈佛商学院。这是因果报应吗？不是！这是逆向选择。当你把自己最不想交往的人吸引过来时，就出现了逆向选择的结果。你最想读的可能是收费最高的 MBA 项目。就定义上来说，收费高的学校就是指入学难的学校。因此，学校的入学标准越低，你应该越不想去就读。

如果有一个 MBA 项目录取了你，它传递了怎样的信号？这可能代表学校认为你很适合修它的课程。但更可能的情况是，学校认为招你进来可以大幅提高整体学生的素质。当然，如果你的水平比班上的一般学生高很多，你也许应该另谋出路。而如果你是个很差劲的学生，你不会想去就读任何一所录取你的学校，因为录取你表示这所学校的素质确实很低。

当逆向选择出现时，你最想要的应该是那些最不想要你的选择。

从学校的角度来看，最可能获得入学机会的学生大概是那些学校最不想要的人。假设学校随便选 100 个高中生让他们入学，哪些学生最可能接受这个机会？是入学测验考得很好的那些人吗？可惜不是，而是那些想要上大学却考不上其他大学的学生，他们大概也是这所大学最不想收的学生。

雇主也得担心逆向选择的结果。假设你们公司打出广告，说要以 8 万美元的年薪聘请一位计算机程序设计师，结果有 12 个人来应聘这个职位。在这 12 个人里面，谁最渴望得到这份工作？答案显然是在别的地方通常拿不到 8 万美元的人。当素质最低的人成为最希望被录取的人时，逆向选择就会出现。你最想雇用的人大概连应聘面试都懒得来，因为他既然是这么有能力的程序设计师，获得 8 万美元以上应该是轻而易举的事。

为了消除逆向选择的现象，应聘工作的人应该避免表现得过分渴望。相反，应聘者应该想尽办法让可能的雇主相信，自己有很多不错的机会可选。如果应聘者确实很抢手，他就不会表现得那么积极，雇主也就不必担心逆向选择的问题了。

假设你的公司面临资金不足的情形，你很快就会没有足够的钱给雇员发薪水。你有两个选择：一是每人减薪 10%，二是解雇 10% 的雇员。从逆向选择的观点可以看出你为什么应该选择解雇部分雇员。

如果你让每个人都减薪10%，有些雇员可能就会跳槽去找薪水更高的工作。不幸的是，你手下最优秀的雇员多半可以找到更好的工作机会，所以他们最有可能跳槽。每人减薪10%会导致逆向选择，因为你最想留住的人跳槽的可能性最高。相较之下，如果你解雇10%的雇员，显然就可以淘汰生产率低的雇员。

第十章

猎鹿博弈：在合作中壮大彼此

> 个体的力量是有限的，在激烈竞争的时代，生存变得越来越艰难，因此我们更需要与他人合作。只要合作各方所得收益都大于各方单独行动所得收益，他们的合作就具有帕累托优势。总之，通过合作将蛋糕做得越大，合作各方的收益也就越大。

合作创造双赢

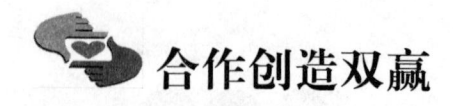

某部落有两个出色的猎人，某一天他们狩猎的时候，看到一头鹿。两人商量，只要守住鹿可能逃跑的两个路口，它就会无路可逃。如果他们齐心协力，鹿就会成为他们的盘中餐。不过只要其中有任何一人放弃围捕，鹿就会逃跑。

正当两个猎人围捕鹿的时候，在两个路口都跑过一群兔子，如果猎人去抓兔子，会抓住4只兔子。从维持生存的角度来看，4只兔子可以供一个人吃4天，1只鹿两人均分后可供每人吃10天。这里不妨假设两个猎人叫A和B。

这一猎鹿博弈的模型，出自法国启蒙思想家卢梭的著作《论人类不平等的起源和基础》，论述了合作能够带来收益，并且合作能够比公平实现利益最大化。

为了更好地阐释A、B双方的策略选择与收益的对应关系，我们借助一个利益矩阵加以说明：

猎鹿博弈利益矩阵

猎人A/猎人B	猎鹿	猎兔
猎鹿	10，10	0，4
猎兔	4，0	4，4

从A与B的利益矩阵中可以看出，两人分别猎兔子，每人得4；合作猎鹿，每人得10。这一博弈就出现了两个纳什均衡：要么分别猎兔子，每人吃饱4天；要么合作，每人吃饱10天。

两个纳什均衡，就是两个可能的结局。两种结局到底哪个最终发生,却无法用纳什均衡本身来确定。比较(10,10)和(4,4)两个纳什均衡,我们只看到一个明显的事实,那就是两人一起去猎鹿,比各自抓兔子每人可以多吃6天。按照经济学的说法,合作猎鹿的纳什均衡比分别抓兔子的纳什均衡具有帕累托优势。

在这里我们需要解释一下何谓帕累托效率。在经济学中,帕累托效率准则是:经济的效率体现于配置社会资源以改善人们的境况,主要看资源是否已经被充分利用。如果资源已经被充分利用,要想再改善我就必须损害你或别的什么人,要想再改善你就必须损害另外某个人。一句话简单概括,要想再改善任何人都必须损害别的人了,这时候就说一个经济已经实现了帕累托效率最优。相反,如果还可以在不损害别人的情况下改善任何人,就认为经济资源尚未充分利用,就不能说已经达到帕累托效率最优。

与(4,4)相比,(10,10)不仅有整体福利改进,而且每个人都得到改进。换一种更加严密的说法就是,(10,10)与(4,4)相比,其中一方收益增大,而其他各方的收益都不受损害。(10,10)对于(4,4)具有帕累托优势的关键在于每个人都得到改善。

猎鹿博弈关注的是在合作中双方如何争取自己的最大化利益,那么在彼此竞争的情况下这种合作是如何维持下去的或者是如何破裂的?

如果猎人A的能力强一点,他一次可以狩猎到10只兔子,而猎人B只能捕到3只兔子,那么合作后两个人如果平分驯鹿,合作就会破裂,因为对于猎人A来说,无论合作与否,他得到的利益都一样,参与合作并不能让他的利益有所提高,所以他会毫不犹豫地退出合作,两个人的第一次合作也就会破裂。

对猎人B来说,合作对他有利,所以猎人B一定会积极地促成下一次合作,因为他考虑到只要自己获得3以上的利益,合作对自己就是有利的,所以他会向猎人A提出3∶1或者4∶1的分配比例,这两种分配A会获得15和16的利益,而B只能获得5和4的利益,但是相对于B自己捕猎来说,B的利益也有所提高。猎人A也会考虑到合作的利益比自己一个人获得的利益多,因而他也会同意继续合作。

合作可以让博弈双方获得比不合作更多的利益，但是除非遇到双方"不合作即死亡"的情况，否则合作不能完美地进行下去。只要双方并不依靠合作存活，参与合作的双方肯定会因为利益纠葛而随时改变自己的决策，适时地参与合作或者退出合作。

下面是一个在犹太人中广为流传的经典故事。

两个孩子得到一个橙子，但是为如何分这个橙子而争执起来。最终两人达成一致意见：由一个孩子负责切橙子，而另一个孩子先选橙子。结果，两个孩子各自取了一半橙子，高高兴兴回家了。第一个孩子回到家，把果肉放到榨汁机上打果汁喝，把皮剥掉扔进垃圾桶；另一个孩子却把果肉挖出扔掉，橙子皮留下来磨碎，混在面粉里烤蛋糕吃。

从上面的情形我们可以看出，虽然两个孩子各自拿到了一半，获得了看似公平的分配，可是他们得到的东西没有物尽其用，没有得到最大的利益。这说明，他们在事先并未做好沟通，没有申明各自的利益所在，从而导致了双方盲目追求形式上和立场上的公平，结果双方各自的利益并未达到最大化。

在现实生活中，很多"橙子"也是这样被分配和消耗掉的。人们争执不下并且因此造成两败俱伤的根本原因之一，就在于各方的行动策略都是相互独立的，由于缺乏协调而失去了很多共赢的机会。

如果我们试想，两个孩子充分交流各自所需，或许会有多种解决方案。可能的一种情况，就是想办法将皮和果肉分开，一个拿到果肉去榨果汁，另一个拿果皮去烤蛋糕。

然而，也可能出现经过沟通后的另外一种情况，由一个孩子既想做蛋糕，又想喝果汁。这时，通过合作创造价值的机会就出现了。那个想要整个橙子的孩子提议将其他问题拿出来一块谈，他说："如果把整个橙子全给我，你上次欠我的棒棒糖就不用还了。"其实呢，他的牙齿蛀得一塌糊涂，父母上星期就不让他吃糖了。另一个孩子也很快就答应了，因为他刚从父母那里要了5元钱，准备买糖还债。这次他可以用这 5 元钱去打游戏，才不在乎这酸溜溜的橙子呢。

　　双赢的可能性是存在的，而且人们可以通过合作达成这一局面，合作是利益最大化的武器。如果对方的行动有可能使自己受到损失，应在保证基本利益的前提下尽量降低风险，与对方合作，从而得到最大化的收益。

在团队中定位自己的角色

第二次世界大战期间一次惊心动魄的大逃亡,可谓协作的完美典范,其任务之艰巨、涉及范围之广,令人难以想象。

在德国柏林东南部有一座战俘营,为了逃脱纳粹的魔爪,其中的 250 多名战俘准备越狱。在纳粹的严密控制之下,如果实施越狱计划,战俘们要进行最大限度的协作,才能确保成功。为此,他们进行了明确的分工。

这是一件非常复杂的事,首先要挖地道,而挖地道和隐藏地道极为困难。战俘们一起设计地道,动工挖土,拆下床板、木条支撑地道。处理新鲜泥土的方式更令人惊叹,他们用自制的风箱给地道通风吹干泥土。他们还修建了在坑道运土的轨道,制作了手推车,在狭窄的坑道里铺上了照明电线。所需的工具和材料之多令人难以置信,3000 张床板、1250 根木条、2100 个篮子、71 张长桌子、3180 把刀、60 把铁锹、700 米绳子、2000 米电线,还有许多其他的东西。为了寻找和搞到这些东西,他们费尽了心思。此外,每个人需要普通的衣服、纳粹通行证和身份证,以及地图、指南针和食品等一切可以用得上的东西。担任此项任务的战俘不断弄来任何可能有用的东西,其他人则有步骤、坚持不懈地贿赂甚至讹诈看守以得到一些有用的东西。

在实施"越狱计划"过程中,每个人都有各自的分工。做裁缝、做铁匠、当扒手、伪造证件,他们日复一日地秘密工作,甚至组织了掩护队,以转移德国哨兵的注意力。此外,他们要确保"安全问题"成立了"安全队"。德国人雇用了许多秘密看守,混入战俘营,专门防止越狱,安全队监视每个秘密看守,一有看守接近,就悄悄地发信号给其他战俘、岗哨和工程队队员。

第十章 猎鹿博弈：在合作中壮大彼此

由于众人的密切协作，在一年多的时间内，战俘们竟然躲过了纳粹的严密监视，完成了这一切。

如此多的人在如此艰苦的条件下越狱，若不能团结协作，是根本不可能的事，可见团队协作是多么重要。

在当今这个崇尚合作的社会，许多艰巨的任务，都是整个团体成员协作的成果，没有一个人能担当全部，一个人价值的体现往往就维系在与别人合作的基础上。来自哈佛大学设计学院的贝佛利对此的建议是，"在一个团队中，即便你所担任的角色不是十分重要，但只要你积极并敢于付出你的热情，相信你的收获一定很大"。

与人分享自己拥有的，我们才能找到自己的位置和方向。生活中有这么一种人，他们能力超群，才华横溢，自以为比任何人都强；他们藐视人生规则，不把朋友的忠告放在心上，甚至连上司的意见也置若罔闻，在以合作为主的团队里，他们几乎找不到一个可以合作的朋友。这样的人让企业的管理者非常苦恼。

一个人不能单凭自己的力量完成所有的任务、克服所有的困难、解决所有的问题，须知借人之力方可成事。善于借助他人的力量，既是一种博弈技巧，更是一种博弈智慧。

米歇尔是一位青年演员，刚刚在电视上崭露头角。他英俊潇洒，很有天赋，演技也很好，开始时扮演小配角，而今已成为主要角色演员。为了进一步提高知名度，他需要有人为他包装和宣传，因此他需要有一个公共关系公司。不过，要创立这样的公司，米歇尔拿不出那么多钱。

偶然的一次机会，他遇上了莉莎。莉莎曾经在纽约一家很大的公共关系公司工作了很多年，她不仅熟知业务，而且有较好的人缘。几个月前，她自己开办了一家公关公司，并希望能够打入获利丰厚的公共娱乐领域。但是到目前为止，由于她名气不够大，一些比较出名的演员、歌手、夜总会的表演者都不愿同她合作，而米歇尔很看重莉莎的能力和人脉资源，不久，他们便签订合同，米歇尔成了莉莎的代理人，而莉莎为米歇尔提供所需要的经费。他们的合作比较顺利，收到了双赢的效果。莉莎自己变得出名了，并很快为一些有名望的人提供社交娱乐服务，得到了很高的报酬。而米歇尔不仅不必为自己的知名度花大笔的钱，随着名声的增长，自己在业务活动中也处于一种更有利的地位。

米歇尔发现了莉莎身上所蕴藏的财富，即使莉莎当时并没有显示出惊人的魄力，而事实上，正是这个别人眼中的弱者满足了米歇尔的需要，为他带来了巨大的声誉和财富。

在这个世界上没有完美的人，但如果人与人之间相互合作，形成"合作利用"的博弈关系，各方的收益都将有很大提升。

在现实社会中，不论在哪一个专业领域，仅凭一己之力就想达到事业的顶峰，非常困难。真正能够获得成功的人，往往善于借助他人的力量。

聪明人的特征不仅在于智商高，还在于他懂得合作。只有合作才能各获其利，获得更大的发展。人们之所以要合作，不仅仅是为了避免失败，减少过多的损失，更主要的是为了获得更多利益。

第十一章

鹰鸽博弈：强硬向左，温和向右

> 很多人将这种鹰鸽博弈等同于胆小鬼博弈。不过，胆小鬼博弈双方是两个兼具侵略性的个体，鹰鸽博弈却是两个不同群体的博弈，一个和平，一个侵略。

刚柔并济的策略

在只有鸽子的一个苞谷场里,突然加入的鹰将大大获益,并吸引同伴加入。但结果不是鹰将鸽逐出苞谷场,而是以一定比例共存,因为鹰群增加一只鹰的边际收益趋零时(鹰群发生内斗),均衡将到来。由此产生了 ESS 策略,即进化上的稳定策略,一旦均衡形成,偏离的运动会受到自然选择的打击。也就是鹰群饱和后,再试图加入的鹰将会被鹰群排挤。进化上的稳定均衡,最大的好处莫过于保持稳定。但问题在于形成强势的路径依赖,也就是胜出的不一定是最好的。因为最好的会被当作出头鸟干掉,这是个体的失败、集团的胜利以及集体的止步不前。

很多人将这种鹰鸽博弈等同于胆小鬼博弈。不过,胆小鬼博弈双方是两个兼具侵略性的个体,鹰鸽博弈却是两个不同群体的博弈,一个和平,一个侵略。

鹰搏斗起来总是凶悍霸道,全力以赴,除非身负重伤,否则决不退却。而鸽是以风度高雅的惯常方式进行威胁恫吓,从不伤害对手,往往委曲求全。

如果鹰同鸽搏斗,鸽就会迅即逃跑,因此鸽不会受到伤害;

如果是鹰跟鹰进行搏斗,就会一直打到其中一只受重伤或者死亡才罢休;

如果是鸽同鸽相遇,那就谁也不会受伤,直到其中一只鸽让步为止。

每只动物在搏斗中都选择两种策略之一,即"鹰策略"或是"鸽策略"。对于为生存而竞争的每只动物而言,如果"赢"相当于"+5","输"相当于"-5","重伤"相当于"-10"的话,最好的结局就是对方选择鸽策略而自己选择鹰策略（自己 +5，对手 -5），最坏的就是双方都选择鹰策略（双方各 -10）。为了更清晰地显示鹰鸽博弈的收益情况，我们可以借助收益矩阵加以说明。现假设 A 与 B 狭路相逢，双方收益矩阵如下：

鹰鸽博弈

A/B	鹰策略	鸽策略
鹰策略	-10，-10	+5，-5
鸽策略	-5，+5	0，0

从收益矩阵中我们可以看到，这一博弈存在两个均衡解：双方都采取鹰策略时的（-10，-10），以及都采取鸽策略时的（0，0）。后者显然才是这一博弈的纳什均衡，双方都采取妥协或者说合作的策略。

选择合作策略的结果是，可以避免对手之间浪费时间和精力的消耗斗争，可以像鸽子一样瓜分战利品；但如果选择的是竞争策略，那么双方必定会因为争夺战利品而像老鹰那样斗个你死我活，并且即使是获得胜利，也会被啄掉不少羽毛。

相比来说，鹰派更注重实力，而鸽派更注重道义；鹰派注重利益，鸽派注重信义；鹰派注重眼前，鸽派注重长远；鹰派注重战术，鸽派注重战略；鹰派倾向于求快，鸽派倾向于求稳。但是，鹰派与鸽派到底何者更好一些，恐怕难以一概而论。不同的时间和地点，不同的条件、不同的目标等因素，使得鹰派、鸽派各有其存在的根据和发展的空间，应该具体情况具体对待。

对美国"9·11事件"，鸽派立足美国自身作出反思，主张从美国自身寻找消除恐怖主义的途径，在国际关系中奉行多边合作；但是鹰派大相径庭，变得更加强硬，更加咄咄逼人，坚持主张以先发制人战略消灭对自身构成威胁的力量。伊拉克战争正是鹰派先发制人战略的产物。

可以带点"威胁"的味道

在博弈论中,有一种威胁策略,它是对不肯合作的人进行惩罚的一种回应规则。假如要通过威胁来影响对方的行动,就必须让自己的威胁不超过必要的范围。因此,在博弈中,一个程度适中的威胁既应该小到足以奏效,又大到足以令人信服。如果威胁大而不当,对方难以置信,而自己又不能说到做到,最终就不能收到威胁的效果。

博弈的参与者发出威胁的时候,首先可能认为威胁必须足以吓阻或者强迫对方,接下来才考虑可信度,即让对方相信,假如他不肯从命,一定会受到相应的损失或惩罚。假如对方知道反抗的下场,并且感到害怕,他就会乖乖就范。

但是,我们往往不会遇到这种理想状况。首先,发出威胁的行动本身就可能代价不菲。其次,一个大而不当的威胁即便当真实践了,也可能产生相反的作用。要想发出有效的威胁,必须具备非凡的智慧。

著名女高音歌唱家玛·迪梅普莱有一个很大的私人园林,经常有人到她的园林里采花、拾蘑菇,甚至有人在那里露营野餐。虽然管理员多次在园林四周围上篱笆,还竖起了"私人园林,禁止入内"的木牌,却无济于事。当迪梅普莱知道了这种情况后,就吩咐管理员制作了很多醒目的牌子,上面写着"如果有人在园林中被毒蛇咬伤,最近的医院在距此15公里处"的字样,并把它们树立在园林四周。从那以后,再也没有人私闯她的园林了。

威胁的首要选择是能奏效的最小而又最恰当的那种,不能使其过大而失去可信度。

其实,博弈论中的威胁策略也可应用到企业经营中。

在某个城市只有一家房地产开发商甲,没有竞争下的垄断利润是很高的。现在有另外一个企业乙，准备从事房地产开发。面对着乙要进入其垄断的行业，甲想：一旦乙进入，自己的利润将受损很多，乙最好不要进入。所以甲向乙表示，你进入的话，我将阻挠你进入。假定当乙进入时甲阻挠的话，甲的收益降低到 2，乙的收益是 -1。而如果甲不阻挠的话，甲的利润是 4，乙的利润也是 4。

因此，甲的最好结局是"乙不进入"，而乙的最好结局是"进入"而甲"不阻挠"。但这两个最好的结局不能构成均衡。那么结果是什么呢？甲向乙发出威胁：如果你进入，我将阻挠。而对乙来说，如果进入，甲真的阻挠的话，它将会得到 -1 的收益，当然此时甲也有损失。对于乙来说，问题是：甲的威胁可信吗？

乙通过分析得出：甲的威胁是不可信的。原因是：当乙进入的时候，甲阻挠的收益是 2，而不阻挠的收益是 4。4 > 2，理性人是不会选择做非理性的事情的。也就是说，一旦乙进入，甲的最好策略是合作，而不是阻挠。因此，通过分析，乙选择了进入，而甲选择了合作。

因此，我们都应该从博弈论中认识到威胁的重要性，设法使自己的威胁具有可信度，并能以理性的视角判断出他人威胁的可信性，从而使博弈的结果变得对自己更加有利。

第十二章

重复博弈：放长线才能钓到大鱼

> 重复博弈说明，对未来的预期是影响我们行为的重要因素。一种是预期收益：我这样做，将来有什么好处；一种是预期风险：我这样做可能将来面临问题。这都将影响到个人的策略。

重复"阶段博弈"

下班回家的路上,你像往常一样去菜场买菜,当你对某种菜的质量有疑虑时,卖菜的阿姨常会讲:"你放心,我一直在这儿卖呢!"这句朴实的话中其实包含了深刻的博弈论思想:我卖与你买是一个次数无限的重复博弈,我今天骗了你,你今后就不会再来我这儿买了,所以我不会骗你的,菜的质量肯定没问题。而你在听了阿姨的上述一句话后,常常也会打消疑虑,买菜回家。

相反,你在出差或在旅行时常会在车站或景点购物时发现,这些人群流动性大的地方,不但商品和服务质量差,而且假货横行。这是因为此时在商家和顾客之间不是"重复博弈"。一个旅客不大可能因为你的饭菜可口而再次光临,这种一次性博弈,是"一锤子买卖",不赚白不赚。对方卖了假货给你,你也只好自认倒霉,多半不至于搭车赶回来和人较真。一些人在快调离原单位或快退休时的拙劣表现也是如此,后者常被称为"59岁现象"。

由此看来,所谓重复博弈,是指同样结构的博弈重复多次,其中的每次博弈成为"阶段博弈"。重复博弈是动态博弈中的重要内容,它可以是完全信息的重复博弈,也可以是不完全信息的重复博弈。

重复博弈说明,对未来的预期是影响我们行为的重要因素。一种是预期收益:我这样做,将来有什么好处;一种是预期风险:我这样做可能将来面临问题。这都将影响个人的策略。

譬如,你在社区开了一家便利店,此时你就要考虑预期的收益和风险。因为你的赢利靠的是那些"回头客"——周围的居民,他们是你的衣食父母。如果你的便利店欺骗顾客,那么你就会面临失去长期的赢利机会的风险。所以此时你会选择诚实对待顾客。

其实，在任何博弈中，表现最好的策略直接取决于对方采用的策略，特别是取决于这个策略为双方合作留出多大的余地。这个策略的基础是下一步对于当前一步的影响足够大，即未来是重要的。总体来说，如果你认为今后将难以与对方相遇，或者你不太关心自己未来的利益，那么，你现在可以选择适度地背叛，而不用担心未来的后果；反之，如果你们今后见面的机会很大，那么你最好还是选择与对方合作。

如何获取更长远的利益

从上面的分析中我们看出,当人们之间进行的是一场没有明天的一次性博弈时,大家都倾向于选择欺骗、背叛。而只有当人们之间进行的是一种重复博弈时,大家才会恪守诚信。所以说,平时我们讲信用而不骗人,不过是重复博弈里的一种手段罢了。

博弈是双方"斗智斗勇"的过程,在一种较为完善的经济制度下,若博弈会重复发生,则人们会更倾向于相互信任。这可以用一个简单的博弈模型来解释。假设有甲、乙两人,甲出售产品,乙付货款(商业信用问题),或甲借钱给乙,乙是否还钱(银行信用问题)。开始时,甲有两种选择:信任乙或不信任乙;乙也有两种选择:守信或不守信。如果博弈只进行一次,对乙来说,一旦借到钱最佳选择是不还。甲当然知道乙会这样做,甲的最佳选择是不信任。结果是,甲不信任乙,乙不守信,这样的结果是最糟糕的,双方想达成有效交易是非常难的。

那么怎样才能让双方的利益得到一个均衡呢?假定博弈可以进行多次,甲采取一种这样的策略:我先信任你,如果你没有欺骗我,我将一直信赖你;而一旦你欺骗了我,我再也不会相信你。这样乙有相应的两种选择,如果守信,得到的利益是长远的;如果不守信,得到的利益是一次性的。因此,守信是乙的利益所在。这样双方都会处于一种均衡状态,这种均衡的出现是因为乙谋求长远利益而牺牲眼前利益(当然是不当得利)。所以说当一个人考虑重复博弈下的长远利益时,自然会采取守信策略。

所以说,诚信只是为让自己在以后的重复博弈中继续获得利益,这是一种长远的打算。诚信的人一般都是聪明人,他们懂得细水长流的道理,对于"善有善报"这样的言语充满敬畏。

第十二章 重复博弈：放长线才能钓到大鱼

如果有一个人总是出卖朋友，那么他可能从第一次、第二次、第三次出卖中获得利益，但是长此以往，人们就会认清他的真面目，并传播他的劣迹。这样，到了最后，他就会变得没有朋友可以出卖，因为他一直靠出卖朋友生存，当他没有朋友的时候，就是他穷途末路的时候，最终他只能得到众叛亲离的下场。

现在，我们明白了，诚信是在重复博弈中实现利益最大化的一种手段，如果剥离了重复博弈这一前提，或者在重复博弈中最终无利可图，人们便不会有诚信之举。

也许你会举出英雄人物的例子来反驳，但是英雄人物最终得到了人们的敬仰和爱戴，他们流芳百世、永垂不朽，如果他们舍己为人的结果是被人指责、唾骂，遗臭万年，他们绝不会选择当英雄。

可以有点善意的"欺骗"

前面我们一直探讨的是如何利用重复博弈来减少人与人之间的欺骗，促进合作。但是，人们信守诺言无非是为了减少交易成本或下次打交道能获得更大的预期收益。如果背离了重复博弈的这个因素，盲目讲究诚信是不可取的。

北宋年间，朝廷派遣能征善战的将军狄青领兵南征。当时朝廷中主和、妥协派势力颇强，狄青所部亦有些将领怯战，有的甚至散播谣言，说什么"梦见神人指示，宋兵南征必败"。军中不少有迷信思想的官兵尽皆惶然，笃信此次南征"凶多吉少，难操胜券"，一时军心涣散。狄青一再训说："我军乃正义之师，战必胜，攻必克。"无奈官兵迷信思想极重，收效甚微。

对此，狄青和几员心腹大将苦无良策。大军途经桂林，恰逢大雨滂沱，一连数天，乌云蔽日，无法行军。此时军中谣言更甚，都说出师不利，天降凶雨，旨在回师。

这天黄昏，狄青带领几员偏将冒雨巡视，路经一座古庙，见冒雨进香占卜者不少，便进庙询问。庙中和尚说，都说该庙神佛灵验，有求必应，所以终年拜佛占卜者络绎不绝。

狄青听罢，心中顿生妙计。次日清晨，他全身披挂，领将士入庙拜佛，虔诚地供香跪拜后，便对将士们说："本帅当众占卜一卦，欲知南征凶吉。"说毕，他请庙祝捧出百枚铜钱，说明一面涂红，一面涂黑，然后当众合掌祈祷："狄青此次出兵南征，如能大获全胜，百枚铜钱当红面向上！"只见他将铜钱一掷，落地有声，果然全都是红色。将士们惊异万分，兴高采烈，奔走相告，一时士气大振。

狄青当即下令不准再动铜钱，以免冒犯神灵，同时令心腹将士取

第十二章 重复博弈：放长线才能钓到大鱼

来百枚长钉，把铜钱牢钉在地，然后对全军说道："此战必胜，这是上天助我！等到班师之日，再来感谢神灵取钱！"第二天雨过天晴，宋军士气高昂，直压边境。两军对阵，宋军将士无不奋勇当先，所向披靡，直把安南入侵者杀得丢盔弃甲，溃不成军，乖乖地立下降书，自称永不敢再犯大宋边境。

宋军班师回朝，狄青高兴地带领一班将校到古庙谢神还愿，拔钉取钱时，一位偏将忽然惊呼："奇怪，奇怪！这百枚铜钱怎么两面都是红色！"

狄青哈哈大笑道："此举绝非神灵，其实是本将军借神佛之灵，鼓舞士气罢了！"此时大家才恍然大悟，原来狄将军私下和几位心腹将士暗将铜钱两面都涂成红色，故弄玄虚，利用将士们的迷信心理，化厌战情绪为勇战情绪，一鼓作气战胜侵略军。

欺骗，连3岁小孩子都知道这是一个坏习惯，可是，在背离重复博弈的减少交易成本、获得更大的预期收益的因素的情况下，盲目恪守诚信反而会吃大亏，因此，在背离重复博弈的情况下，我们应当放弃对"绝对诚实"的固执，用适当地"欺骗"去获取成功。故事中狄青能带领部将战胜敌军，靠的就是适当欺骗策略。

也许会有人说，欺骗是一种不道德的行为，只有诚实的人才是道德的，事实果真如此吗？关于道德与欺骗的辩证关系，古希腊大哲学家苏格拉底曾有过精彩的论述。

一天，苏格拉底像往常一样，赤脚敞衫，来到市场上。突然，他一把拉住一个过路人问道："我有一个问题不明白，向您请教。人人都说做一个有道德的人，但究竟什么是道德？"

"忠诚老实，不欺骗人，这就是公认的道德。"那人回答道。

苏格拉底问："您说道德是不能欺骗人的，但在和敌人交战的时候，我军将士千方百计地去欺骗敌人，这能说不道德吗？"

那人答："欺骗敌人是符合道德的，但欺骗自己人就不道德了。"

苏格拉底问："那如果和敌人作战时，我军被包围了，处境险恶。为了鼓舞士气，将领欺骗士兵说：'我们的援军就要到了，大家奋力突围。'结果成功了。这种欺骗能说不道德吗？"

那人答:"那是出于无奈,我们在日常生活中就不能这样。"

苏格拉底又问:"我们常常会遇到这样的问题,儿子生病了,又不肯吃药,父亲骗儿子说:'这不是药,是一种十分好吃的东西。难道这也是不道德吗?'"

那人只好承认:"这种善意的欺骗行为是道德的。"

苏格拉底于是问:"不骗人是道德的,骗人也可以是道德的,也就是说,道德不能用骗不骗人来说明。究竟用什么来说明呢?你告诉我吧。"

那人只好说:"不知道道德就不能做到道德,知道了道德就是道德。"

苏格拉底高兴地说:"您真是一位伟大的哲学家,您告诉了我道德就是关于道德的知识,使我明白了一个长期以来的困惑问题,我衷心地谢谢您。"

这里我们也明白了另外一个道理:欺骗作为一种策略,本来就与道德无关。

当然,我们这里所说的欺骗是以背离重复博弈为原则的,如果没有背离重复博弈,我们还是应该讲究诚信,以求减少交易成本和获取更大的预期收益。

第十三章

拍卖陷阱：成熟考虑成本与收益

> 拍卖陷阱给我们的启示在于：如果你已经付出了昂贵的代价，但还是看不到胜利的曙光，此时你应该尽早脱身，而不是坚持到最后一分钟。

拒绝得不偿失的胜利

公元前307年，古希腊伊庇鲁斯国王借助伊利里亚一部落首领扶持夺得王位。

公元前303年，在他出国期间，政权为国内政变所推翻，后赴埃及，于前297年在其岳父埃及国王等人的帮助下返国复位。他对外实行扩张政策，一度率兵介入马其顿内争，获马其顿一半领土和色萨利。

公元前283年被马其顿人打败，退回本土。

公元前280年大将皮洛斯应邀援助意大利南部的塔林敦（塔兰托），皮洛斯率约2.5万士兵和20头战象出征意大利，在赫拉克里亚打败罗马军队，但己方损失也很惨重。

望着尸横遍野的战场，皮洛斯感慨道：再来这样一场胜利，我就完蛋了。

后来，人们就把这种"代价惨重，得不偿失的胜利"称作"皮洛斯的胜利"。通过"皮洛斯的胜利"，我们明白了，在博弈中，有些代价我们难以承受，博弈论中有一个专门的模型是用来解释此种困境的，它就是"拍卖陷阱"。

1971年，美国博弈论专家苏比克在一篇论文中，讨论了"美元拍卖"。在论文中，苏比克称这个游戏是"极为简单，极有娱乐性和启发性的"。如果你对成本没有清楚的认识，在交易中可能吃大亏。

在拍卖会上，有一张1美元钞票，请大家给这张钞票开价，出价最高者得到这张1美元钞票。为了方便计算，我们设定10美分起拍，而每次加价也以10美分为单位。

规则基本跟其他拍卖一样，但有一点不同：除了竞拍成功者按价付钱，每一位参与竞价者也要掏出相当于出价数目的费用。举例来说：如果你和另一个人一起竞价，你出价 90 美分赢得了这 1 美元钞票，你要掏出 90 美分（净赚 10 美分）；而对方只出到 80 美分就不再加价了，这样他也必须掏出 80 美分，尽管他什么也没得到。

　　这个游戏里面的陷阱就在于：开始你参加竞价是为了获得利润，可是后来就变成了避免损失。

　　假定目前的最高叫价是 60 美分，你叫价 50 美分，排在第二位，出价最高者铁定赚进 40 美分，你却铁定要丢掉 50 美分。如果你追加竞价，叫出了 60 美分，你就可以和他调换位置。问题是他也懂得这个道理，也会继续加价希望压倒你，所以你们的竞争会一直持续下去……哪怕领先的叫价达到 3.60 美元而你的叫价 3.50 美元排在第二位，这一思路仍然适用。如果你不肯追加 10 美分，"胜者"就会亏掉 2.60 美元，你则要亏掉 3.50 美元。

　　"拍卖陷阱"给我们的启示在于：如果你已经付出了昂贵的代价，但还是看不到胜利的曙光，此时你应该尽早脱身而不是坚持到最后一分钟，因为即使你坚持到最后一分钟，获得了胜利，那也只是一种"皮洛斯式"的得不偿失的胜利。

摆脱沉没成本的羁绊

在拍卖陷阱中，当你出 90 美分，而对手出 101 美分时，你打算放弃继续游戏，此时，你虽然没有在此次游戏中取胜，但你依然需要出 90 美分，这 90 美分的成本我们叫作沉没成本。为了更好地理解沉没成本的概念，来看下面的例子。

为了响应国家"素质教育"的号召，妈妈花 1500 元给扣扣买了一架电子琴，可扣扣生性好动，对音乐没有什么兴趣，电子琴渐渐落了灰。不久，扣扣的妈妈听一个同事说有一位音乐学院毕业的老师可以给扣扣当家教。于是，妈妈不假思索就给扣扣请了这个家教，妈妈的理由很简单：电子琴都买了，当然要好好学，请一个老师教教，不然这架琴就浪费了！于是，每个月 600 元的家教费又坚持了半年，但最终还是以放弃收场。为了不浪费 1500 元的电子琴，扣扣妈妈继续浪费了 3600 元的家教费。

在博弈论中，我们把那些已经发生的、不可收回的支出，如时间、金钱、精力称为"沉没成本"。沉没的意思是说，你在正式完成交易之前投入的成本，一旦交易不成，就会白白损失掉。如果对沉没成本过分眷恋，就会继续原来的错误，造成更大的亏损。

沉没成本对决策产生如此重大的影响，以至于很多决策者无法自拔。有时候，他们开始做一件事，做到一半时发现并不值得，或者会付出比预想多得多的代价，或者有更好的选择。但此时付出的成本已经很大，思前想后，只能将错就错地做下去。但实际上，做下去往往会带来更大的损失。

那么我们怎么才能让自己摆脱沉没成本的羁绊呢？一是在进行一项事业之前的决策要慎重，要在掌握了足够信息的情况下，对可能的收益与损失进行全面的评估；二是一旦形成了沉没成本，就必须承认现实，认赔服输，避免造成更大的损失。

老刘的婚姻是属于那种以城市户口换漂亮村姑的模式。10多年过下来，他的老婆混得越来越好，先在街道工厂，后在区属企业，有一次买彩票中了50万元，发达了。

接下来老婆提出要离婚。但是，任凭她怎么说，老刘就是不离。老婆说把50万元都给他，老刘还是不离。老刘的道理是："我好不容易把这个睡前不刷牙的乡村女人，调教成一个不但睡前刷牙而且刷牙后穿睡衣的城市女人。你说，我能舍得她吗？其实，有那50万元我也不是找不到更漂亮的，只是，这么漂亮的老婆跟我离了，那不太便宜别人了？"

这件事被老刘的一个老友知道了，老友劝他："这个世界上有两件事最难对付，一是一边倒的墙，一是倒向另一边的女人。失去一个人的感情，明知一切已无法挽回，却还是那么执着，而且一执着就是好几年。你说你值得吗？你现在跟所谓的老婆不但分床睡，吃饭还要交钱，你又是何苦呢？她只不过是略有姿色而已，你有了那50万元能找多少更好的，就把这个不大好的留给别的倒霉蛋好了。"经过老友的一番劝说，老刘终于答应了离婚，还说了一句很有哲理的话："也好，就把这串酸葡萄留给馋嘴的麻雀吃吧。"不过老刘没想到的是离了婚之后，自己反而轻松了很多。

在很多情况下，我们就像伊索寓言里的那只狐狸，想尽了办法，费尽了周折，却由于客观原因最终无法吃到那串葡萄。这时，即使坐在葡萄架下哭上一天，或暴跳如雷也是无济于事，反而不如像故事中的老刘一样，用一句"这串葡萄一定是酸的，让馋嘴的麻雀去吃吧"来安慰自己，求得心理上的平衡。这种调整期望的落差，转而接受柠檬虽酸却也别有滋味的事实，虽然有点据于儒、依于道而逃于禅的味道，反而不至于伤害了自尊与自信。

因此，酸葡萄心理不失为一种让我们摆脱沉没成本的困扰、接受现实的好方法，而且可以消除心理紧张，缓和心理气氛，减少因产生攻击冲动和攻击行为而造成更大的损失和浪费。从这个意义上，它又不失为一种人生管理的方法。人生最大的效率其实在于：真正有勇气改变可以改变的事情，有度量接受不可改变的事情，有智慧来分辨两者的不同。

第十三章 拍卖陷阱：成熟考虑成本与收益

壮士断臂，悲壮的豪迈

在茫茫的草原上，为了争夺被狮子吃剩的一头野牛的残骸，一群狼和一群鬣狗发生了冲突。尽管鬣狗死伤惨重，但由于数量比狼多得多，也咬死了很多狼。最后，只剩下一只狼王与5只鬣狗对峙。显然，双方力量相差悬殊，何况狼王在混战中被咬伤了一条后腿。那条拖拉在地上的后腿成为狼王无法摆脱的负担。

鬣狗还在一步一步靠近，突然，狼王回头一口咬断了自己的伤腿，然后向离自己最近的那只鬣狗猛扑过去，以迅雷不及掩耳之势咬断了它的喉咙。其他4只鬣狗被狼王的举动吓呆了，都站在原地不敢向前。终于，4只鬣狗拖着疲惫的身体一步一摇地离开了怒目而视的狼王。

面对危险境地，狼王懂得牺牲一条腿来保全生命，这是一个十分无奈但是也十分聪明的选择，有着壮士断臂般的悲壮和豪迈。

壮士断臂的典故相信很多人都听过。

阖闾除掉吴王僚即位后，听说僚的儿子庆忌逃到了卫国，并在那边招兵买马，以伺机复仇。庆忌是当时吴国的第一勇士，传说此人有万夫莫敌之勇。阖闾觉得庆忌是自己的心头大患，便和伍子胥商量，决定挑选一位智勇双全的勇士去刺杀庆忌。最后他们选定了善于击剑的要离，命他前往行刺。要离深知庆忌是一个行事谨慎的人，为了取得庆忌的信任，他不惜使用苦肉计，用剑斩断了自己的右臂，杀了妻子，逃到了卫国，并对外宣称是吴王阖闾断了自己右臂，杀害自己的妻子。要离到了卫国后求见庆忌，庆忌见状，对要离深信不疑，视为心腹，常在左右。

终于有一天，要离找到了刺杀庆忌的良机，将庆忌杀死。要离回国后，吴王阖闾亲自迎接，并且要重重赏赐要离。要离不愿接受封赏，说:"我杀庆忌,不是为了做官发财,而是为了吴国的百姓生活安宁,免受战乱之苦。"说完,要离拔剑自刎。

壮士断臂启示我们,为了整体和全局的利益,有必要在一些事情的沉没成本变得不可接受之前,及时放弃它,尽管那是一件痛苦的事情。但是很多人在面对沉没成本时往往因为没有这样的勇气和智慧而陷入"鳄鱼法则"的陷阱。

鳄鱼法则说的是假若一只鳄鱼咬住你的脚,而你用手去试图挣脱你的脚,鳄鱼便会同时咬住你的脚与手。你愈挣扎,被咬住得就越多。实际上,明智的做法应该是:一旦鳄鱼咬住了你的脚,你唯一的办法就是牺牲一只脚。"鳄鱼法则"在博弈中有一个对应的专业名词,也就是协和谬误,不论是鳄鱼法则还是协和谬误,它们所折射出来的博弈智慧是一样的,即在博弈中,当你发现自己的行动已经背离了既定的方向,必须立即止损,不得有任何延误。

止损自然是很痛苦的,但是因此而保全了性命。美国通用公司的前任首席执行官杰克·韦尔奇曾经把许多业绩不在业界前两名的事业部门关闭,这些都是痛苦的决定,但是为了整体的利益,必须当机立断,拿出勇气和魄力进行壮士断腕式的放弃。可是很多人在生活中会下意识地"把手伸进鳄鱼嘴里",他们无法放弃或停止已经失去价值的事情。

要避免"鳄鱼法则"的陷阱,除了上面所讲的一些决策方面的知识之外,有一样东西是十分重要的,那就是勇气。麦肯锡资深咨询顾问奥姆威尔·格林绍说:"我们不一定知道正确的道路是什么,但不要在错误的道路上走得太远。"这句话可以说是对壮士断臂的经典概括。

第十四章
选择决定命运

> 很多事实告诉我们，决定命运的是选择，而非机会。什么样的选择决定什么样的生活，你今天的生活是由3年前所作出的选择决定的；而今天的抉择，将不仅决定你3年后的，更会影响你最终离开人世时的样子，这就是人生博弈的法则。

如何进行合理的选择

有3个人要被关进监狱3年,监狱长同意满足他们每人一个要求。美国人爱抽雪茄,要了3箱雪茄。法国人最浪漫,要一个美丽的女子相伴。而犹太人说,他要一部与外界沟通的电话。3年过后,第一个冲出来的是美国人,嘴里塞满了雪茄,大喊道:"给我火,给我火!"原来他忘了要火。接着出来的是法国人。只见他手里抱着一个小孩子,美丽女子手里牵着一个小孩子,肚子里还怀着第三个。最后出来的是犹太人,他紧紧握住监狱长的手说:"这3年来我每天与外界联系,我的生意不但没有停顿,反而增长了200%。为了表示感谢,我送你一辆劳斯莱斯!"

这个故事告诉我们,决定命运的是选择,而非机会。什么样的选择决定什么样的生活,你今天的生活是由3年前所作出的选择决定的;而今天的抉择,将不仅决定你3年后的,更会影响你最终离开人世时的样子。这就是人生博弈的法则。

那么,何谓选择?选择可以看作一个判断和舍弃的过程,在多种可能性中找到最理想的一个,判断标准是效用(机会效益减掉机会成本)最大。

我们每个人的一天都会面临各种各样的选择,小至买衣服、吃东西,大至企业经营战略的设定、国家大政方针的制定,都有一个选择最佳策略的问题。

每个人都希望能够作出正确的选择——即使不是最好的,至少也是比较好的,那么有没有一些方法帮助我们呢?

明智的选择,需要清楚正确地计算成本和收益、评估风险,更重要的是明白自己到底想要什么。

我们可以通过以下 5 个步骤来作出相对正确的选择。

第一，列出我们所有可能的选择。

第二，尽可能列出每个选择的可见后果。

第三，尽量评估每种结果可能发生的机会。

第四，试想一下自己对每种结果的渴望或恐惧程度。

第五，把所有的因素结合到一起作出合理的选择。

人生是一个不断选择的过程，而作选择，首先要明确自己的目标，然后计算成本和收益，看这个事情值不值得做，最后才是策略选择。

打破"霍布斯的选择"

经济学中有一个名词——"霍布斯的选择",据说这个词来自美国一位叫霍布斯的马场老板。他在卖马时承诺:"买或是租我的马,只要给一个低廉的价格,可以随意选。"但他附加了一个条件:"只允许挑选能牵出圈门的那匹马。"

其实这是一个圈套。

他在马圈上只留一个小门,大马、肥马、好马根本就出不去,出去的都是些小马、瘦马、懒马。显然,他的附加条件实际上就等于告诉顾客好马不能挑选。大家挑来挑去,自以为完成了满意的选择,其实选择的结果可想而知。

"霍布斯的选择"给我们的启示在于:有时我们自以为作出了抉择,但事实它是在没有选择下的一种人为选择。

"霍布斯的选择"在生活中非常普遍,譬如在管理领域。一个企业家在挑选部门经理时,往往只局限于在自己的圈子里挑选人才,选来选去,再怎么公平、公正和自由,也只是在小范围内进行挑选。

所以,要想打破这种"霍布斯的选择",就要当个好"伯乐",跳出马圈的圈子,到大草原去选"马",到全世界去选"马",开阔思维空间,扩大资源的配置半径。一般地讲,配置资源的半径越大,企业就越处于优势;反之,配置资源的半径越小,企业就往往越处于劣势。只有放宽眼界,打开思维,放眼世界,才能选到世界级的"千里马"。

与"霍布斯的选择"相对的是选择太多。选择越多越好似乎已成为人们的共识,但事实果真如此吗?我们可以先来看一下由美国哥伦比亚大学、斯坦福大学共同进行的实验。

在实验中,科学家随机抽取两组人,让第一组测试者在6种巧克力中选择自己想买的，第二组测试者则在 30 种巧克力中选择。结果，第二组中的满意度远远低于第一组，更多人感到所选的巧克力不大好吃，对自己的选择有点后悔。

由此看来，没有选择确实不好，但是选择太多，要从诸多选择中找到最优选择也并非易事。正因为选择不容易，才会有在两堆稻草之间饿死的毛驴。

在一头毛驴的前面有两堆草，对于这头毛驴来说，这一左一右两堆草一模一样。这头毛驴尽管饿得要命，但它无法挪动它的腿，因为一模一样的这两堆草使它无所适从，它没有理由选择其中的一堆而放弃另外一堆。这头毛驴最后在这两堆草面前活活饿死了。

在实际生活中，面对多种选择时由于我们不可能掌握充分的信息，对这些策略下的后果不能确定，我们认为它们都一样，所以我们难以选择。

但是，我们无论选择其中哪个策略，都要好于不作选择，如果驴子所面对的这两堆草中的一堆离它距离近，或者分量多，它自然应当选择这一堆；但当这两堆草都一样的时候，它无论选择其中哪一堆，都会比其结果为饿死的不作任何选择要强。

降低选择的机会成本

陈蕃，字仲举，东汉人士，少年时期曾经在外地求学，独居一室，整天读书交友而顾不上收拾屋子，院子里长满了杂草。有一次，他父亲的朋友薛勤前来看望他，问他："你为什么不把院子打扫干净来迎接宾客呢？"陈蕃笑了笑说道："大丈夫处世，当扫除天下，安事一屋？"薛勤听了很生气地反驳道："一屋不扫，何以扫天下？"

一般人讲这个故事，就到此为止了，教育人做大事要从小事做起，把陈蕃当作了反面的典型。

然而事实上呢？据《世说新语》记载："陈仲举言为士则，行为士范，登车揽辔头，有澄清天下之志。"

陈蕃后来官至太傅，为人耿直，为官敢于坚持原则，并广为搜罗人才，士人有才德者皆大胆起用，一时间政事为之一新。陈蕃确实将天下扫得不错。

反倒是那位因批评陈蕃而留下"一屋不扫何以扫天下"千古名言的薛勤，我们却不知道他后来完成了什么事业。

为什么陈蕃不扫一屋却扫了天下呢？就在于他懂得考虑博弈时候的机会成本。

有这样一个问题：两箱苹果，一箱是又大又鲜，另一箱由于放得久了，有一些已经变质了，问先吃哪箱，即先吃好的还是坏的？

最典型的吃法有两种：第一种是先从烂的吃起，把烂的部分削掉。这种吃法的结局往往就是要吃很长一段时间的烂苹果，因为等你把面前的烂苹果吃完的时候，原本好端端的苹果又放烂了。第二种是先从最好的吃起，吃完再吃次好的。这种吃法往往不可能把全部的苹果吃掉，因为吃到最后的，烂苹果实在是烂得没法吃了，就都给扔了，形成了一定的浪费。但好处是毕竟吃到了好苹果，享受到了好苹果的好滋味。

两种吃法，各有各的道理。在实际生活中，究竟先吃哪个苹果，对个人其实没有太大的影响。但从经济学的角度，先吃哪个苹果的选择，就如陈蕃是先扫小屋还是先扫天下的一样，蕴含着深刻的博弈论思想。

博弈论认为，人的任何选择都有机会成本。机会成本的概念凸显了这样一个事实：任何选择都要"耗费"若干其他事物——其他必须被放弃的替代选择。在实际生活中，对被放弃的机会，不同的人会有不同的预期和评价，这取决于他们的主观判断（主观的机会成本）。具体到先吃哪个苹果的问题上，两种吃法，代表的实际上是两种观念，两种对机会成本的主观判断。第一种吃法的主观判断是浪费的机会成本大于好苹果味道变差的机会成本，第二种吃法的主观判断是味道变差的机会成本大于浪费的机会成本。

在我们的日常生活中，经常都要面对"先吃哪个苹果"的选择。我们每天都要自觉不自觉地对各种机会成本进行比较。

但是个人对机会成本的感觉会有偏差，这就提醒我们：要善待自己，也要善待他人；既要尊重自己的感觉和选择，也要尊重他人的感觉和选择；每当遇到纯属个人的选择，在决策上，应尽可能地由自己作出，而不要由他人或集体作出，因为只有自己才了解自己的主观机会，而别人和集体决策者缺少充分的信息。

学会放弃，智慧判断

两个贫苦的樵夫靠上山捡柴糊口，有一天在山里发现两大包棉花，两人喜出望外，棉花价格高过柴薪数倍，将这两包棉花卖掉，足可供家人一个月衣食无虑。当下两人各自背了一包棉花，赶路回家。

走着走着，其中一名樵夫眼尖，看到山路上扔着一大捆布，走近细看，竟是上等的细麻布，足足有10多匹。他欣喜之余，和同伴商量，一同放下背负的棉花，改背麻布回家。他的同伴却有不同的看法，认为自己背着棉花已走了一大段路，到了这里丢下棉花，岂不枉费自己先前的辛苦，坚持不愿换麻布。先前发现麻布的樵夫屡劝同伴不听，只得自己竭尽所能地背起麻布，继续前进。

又走了一段路后，背麻布的樵夫望见林中闪闪发光，走近一看，地上竟然散落着数坛黄金，心想这下真的发财了，赶忙邀同伴放下肩头的棉花，改用挑柴的扁担挑黄金。

他的同伴仍不愿丢下棉花，还是枉费辛苦的论调，并且怀疑那些黄金不是真的，劝他不要白费力气，免得到头来空欢喜一场。

发现黄金的樵夫只好自己挑了两坛黄金，和背棉花的伙伴赶路回家，两人走到山下时，无缘无故下了一场大雨，两人在空旷处被淋了个湿透。更不幸的是，背棉花的樵夫背上的大包棉花，吸饱了雨水，重得已无法背动。那樵夫不得已，只能丢下一路辛苦舍不得放弃的棉花，空着手和挑金子的同伴回家去。

面对机会的来临，人们常有不同的选择方式。

有的人会审时度势，果断放弃之前的选择，作出目前情况下的更有利的选择；有的人却像骡子一样，固执地不肯接受任何改变。

不同的选择，当然导致截然不同的结果。

第十四章 选择决定命运

　　有时不切实际地一味执着,是一种愚昧与无知,放弃则是一种智慧。在人生的每一个关键时刻,应审慎地运用智慧,作最正确的选择,同时别忘了及时审视选择的角度,适时调整。要学会从各个不同的角度全面研究问题,放弃无谓的固执,冷静地用开放的心胸做事。

第十五章

讨价还价的策略

> 萧伯纳曾经说,经济学是一门最大限度创造生活的艺术。而在很多情况下,这种创造的基础就是建立在报价基础上的讨价还价,或者说,讨价还价和报价本身是创造生活艺术的一种具体方法。

最后通牒博弈

假设有 100 元钱，要在两个互不相识的人之间分配。其中一个人是提议者土豆，另一个人是响应者地瓜。

分配这 100 元钱的规则很严格：两人分别在不同的房间，无法互相交流，通过掷硬币来选择谁有权分配这些钱。分配者可以决定如何分配这笔钱，而另一个人（应答者）可以表示同意或拒绝。如果应答者表示同意，那么交易成功；如果他拒绝，那么两人就什么都得不到。无论出现哪种情况，游戏都算结束，而且不再重复。

假设土豆和地瓜都是理性人，即两人都是以追求自身利益最大化为目标来进行优势决策的。

在这个博弈中，博弈参与者双方不但完全知道要分配的金钱数额，而且知道对方的效用情况及博弈的后果，因此这是一个有两人参加的具有完全信息条件下的一次性动态博弈。

此时，如果你是两人中的一员，你该如何抉择呢？

凭直觉，许多人都认为应该对半分，因为这种分法很"公平"，也容易被接受。然而，胆大一点的人认为他们送给对方不足一半的数额，而照样可以完成交易。

在作决定之前，你应该扪心自问一下：如果你是应答者，你会怎么做呢？

作为应答者，你唯一能做的是，对给定数额的钱表示同意或拒绝。如果那人给你 1%，你愿意拿着 1 块钱，而让那人带着 99 块钱溜之大吉吗？或者你宁可什么都不要？如果那人只给你 0.1%，你又会怎么做呢？1 毛钱难道不比什么都没有好吗？

在这里，讨价还价是严格禁止的。提议者只能提供一种选择，而应答者或者同意，或者拒绝。

那么，你将给对方多少呢？

那个分配者会猜测你的反应，此时他最理性的方案是留给你一点点比如 1 分钱，而自己得 99.99 块钱。你接受了能得到 1 分钱，如果拒绝什么都得不到。

显然，作为一个理性的人，不管对方分给你多少，你都应该选择同意，因为这是你的占优策略。根据传统的博弈论，上述博弈会存在着多重纳什均衡解，即（99，1），（98，2），（97，3），……（1，99）。

但是，从追求自身最大利益的角度出发，提议者会尽可能地最大化自己的份额，而响应者不应该拒绝任何大于 0 的出价，因为有总比没有好。

但是这种根据理性人的假定的结果，在现实生活中能够实现吗？

近 20 多年来，不少经济学家进行了这种博弈实验，他们的实验结果显示，有 2/3 的人开价在 40%～50%，只有 4% 的人开价不足 20%。开出如此低的数额要冒一定风险，因为很可能被对方拒绝。在所有的应答者中，有超过半数的人对不足 20% 的开价予以拒绝。

上述游戏在博弈论中被称为"最后通牒博弈"。最后通牒博弈是大约 20 年前由柏林洪堡大学古斯教授（Werner Guth）发明的。

然而，这里存在一个令人困惑的问题，为什么任何人都可以"太少"为由而加以拒绝呢？

我们都知道，博弈论隐含了这么一个前提条件：博弈双方都是完全追求收益最大化的理性人。然而在最后通牒游戏的实验中，博弈论"理性人"的假定与实际完全不符。

根据美国学者的比较文化研究，结果表明：不管是在亚马孙流域的原始部落，还是在西方发达国家，实验结果总是与基于人的自私性的理性分析大相径庭。与追求收益最大化的自私行为形成鲜明对比的是，全世界绝大多数人都崇尚公正的结果。

博弈论中另一个必不可少的前提是博弈双方都是处于均等且相同的地位。然而在实际生活中，参与博弈的双方不可能绝对的平等。

最后通牒博弈是讨价还价问题的基本模型，它揭示了讨价还价中的基本特征。

第一，它表明了讨价还价中双方都是以自身利益最大化为目标。

第二，它揭示了讨价还价中双方并非处于绝对平等的地位，双方在实力、信息等各方面都存在着不对称。

第三，最后通牒博弈表明讨价还价是一个动态博弈的过程。在这个过程中，只要谈判还未结束，就不能算达成最后的协议；且在这个过程中，当一方的出价或还价超过了对方的心理限额，即使对方尚有利可图，也会拒绝你的出价或还价，导致谈判的破裂。这也是最后通牒博弈对理性人假设的一种挑战。

懂一点"沉锚效应"

某个穷困的书生为了维持生计,要把一幅字画卖给一个财主。书生认为这幅字画至少值200两银子,而财主是从另一个角度考虑,他认为这幅字画最多只值300两银子。从这个角度看,如果能顺利成交,那么字画的成交价格会在200~300两银子。如果把这个交易的过程简化为:由财主开价,而书生选择成交或还价,如果财主同意书生的还价,交易顺利结束;如果财主不接受,交易也结束了,买卖却没有做成。

这是一个很简单的讨价还价问题,在这个讨价还价过程中,由于财主认为字画最多值300两,因此,只要书生的还价不超过300两银子,财主就会选择接受还价条件。此时,书生的第一要价就很重要,如果财主的开价是230两,书生要价280两,刚好又没有超过300两,财主就有可能接受。同理,有另一种情况,如果书生不是很贪心,当财主出价230两,书生认为在其底线200两以上,也可能以此价格成交。所以说,财主的第一出价和书生的第一要价都很重要,是因为它是对方接收到的第一信息,而这一信息足以让对方的心理产生强烈的反应,甚至让对方在这一信息的引导下作出于己方有利的决策。

心理学上有个名词叫作"沉锚效应",说的是在人们作决策观望时,思维往往会被所得到的第一信息左右,第一信息就会像沉入海底的锚一样把你的思维固定在某处。具体到讨价还价过程中,就是你的第一报价或第一要价会将对方的思维固定在某一处,进而让对方根据这一信息作出相应的决策。

有这样一个故事:

北京西城区的一条小街上,坐落着两家卖粥的小店。我们不妨叫它们甲店和乙店。两家小店,无论是地理位置、客流量,还是粥的质量、服务水平都差不多。而且从表面看来，两家的生意也一样的红火。然而，每天晚上结算的时候，甲店总是比乙店要多出十几元钱来。为什么这样呢？差别只在于服务小姐的一句话。

当客人走进乙店时，服务小姐热情招待，盛好粥后会问客人："请问您加不加鸡蛋？"有的客人说加，有的客人说不加，大概各占一半。

而当客人走进甲店时，服务小姐同样会热情招呼，同样会礼貌地询问，但是她们的询问不是"您加不加鸡蛋"，而是"请问您是加一个鸡蛋还是两个鸡蛋？"面对这样的询问，爱吃鸡蛋的客人就要求加两个，不爱吃的就要求加一个。也有要求不加的，但是很少。因此，一天下来，甲店总会比乙店多卖很多个鸡蛋，营业收入和利润自然就要多一些。

在乙店中，让你选择"加还是不加鸡蛋"，在甲店中，是"加一个鸡蛋还是加两个"的问题，第一信息的不同，使你作出的决策就不同。

在日常生活的讨价还价中，我们完全可以运用这种沉锚效应去获得事半功倍的效果。

假如你是一位上司，某个下属看起来不会工作，接受了任务不知道如何完成，有没有办法促使他按你的意图去做？你主持的团队老是扯皮，议而不决，有没有办法让他们早点儿作出决定？又如，你的孩子要吃巧克力，可是你不愿意让他吃太多甜食，有没有办法让他满足于更有益健康的东西？

答案当然有。你如果运用"沉锚效应"就可以应付上述难题，但前提是必须提供不同的选择以进行正确引导。

面对这些情况，一个明智的上司该怎么做？你无法掌握日常事务的每一个细节，因而需要下属帮忙。你想激励他把项目的一大部分管起来，可是又不想放弃对整个项目的指导，此时你可以对他说："你看，我们的工作出现了一些问题，我觉得由你处理比较合适。你看是用甲方法好，还是用乙方法好？"此时，谁是上司呢？下属会觉得自己是上司。其实，选择是你提出的，但下属有了选择权，就有了做主人的感觉，这种感觉会使他们更热爱工作、热爱公司，减少失职的情况。他们虽然责任更重，但是因为有了责任感，觉得自己所选的方案是最好的，因而也就会全力去完成。

当你的孩子一个劲儿闹着要吃巧克力时，如果用强制的手段去拒绝，他肯定哭得更厉害。如果在拒绝巧克力的同时，问他："你是想吃香蕉还是苹果？"孩子就可能会顺着这个引导重新作出选择。

生活中的讨价还价，正如书生和财主之间的卖和买一样，都是一个博弈的过程，在这一过程中，如果能在你的策略中加一点"沉锚效应"，你的胜算也会平添几分。

保护讨价还价的能力

知名作家刘墉在《我不是教你诈》一书中讲了这样一个小故事：

小李搬进高楼，十几盆花无处摆放，于是请人在窗外钉花架。师傅上门工作那天，小李特别请假在家监工。张老板带着徒弟上门，他果然是老手，17层的高楼，他一脚就伸出窗外，四平八稳地骑在窗口，再叫徒弟把花架伸出去，从嘴里吐出钢钉往墙上钉，不一会儿工夫就完工了。

小李不放心地问花架是否结实，张老板豪爽地拍胸口回答说，3个大人站上去跳都撑得住，保证20年不出问题。小李一听，马上找了张纸，又递了支笔给张老板，请他写下来并签名。张老板看小李满脸严肃的样子，犹豫了一下，小李又说："如果你不敢写，就表示不结实。不结实的东西，我是不敢验收的。"张老板只好勉强写了保证书，搁下笔，对徒弟一瞪眼："把家伙拿出来，出去再多钉几根长钉子！出了事咱可就吃不完兜着走了。"说完，师徒二人又足足忙了半个多钟头，检查了又检查，最后才离去。

从这个富有哲理的小故事中，我们也可以得到一些博弈论上的启示：如果你不想陷入某种境地而从此难以脱身，那么就应该预见到这种后果，并且赶在自己的讨价还价能力仍然存在的时候充分运用。换句话说，如果你是买家，就要争取先验货或者试用再付款；如果你是卖家，应该争取对方先支付部分款项再正式交货。

这里我们讨论的是自己与对方处于对等地位的时候所采取的策略，那么，如果在谈判开始的时候你就处于劣势，你该如何保护自己讨价还价的地位？

第十五章 讨价还价的策略

《战国策》记载的一个故事，可以作为这个问题的最佳答案。

伍子胥是春秋时楚国的杰出的军事家，性格十分刚强。他在青少年时即好文习武，勇而多谋。伍子胥祖父伍举、父亲伍奢和兄长伍尚俱是楚国忠臣。周景王二十三年（前522年），楚平王怀疑太子"外交诸侯，将入为乱"，遂迁怒于太子太傅伍奢，将伍奢和伍尚骗到郢都杀害，伍子胥只身逃往吴国。

逃到边境时伍子胥被守关的斥候抓住了。斥候对他说："你是逃犯，必须将你抓去面见楚王！"伍子胥说："不错，楚王确实正在抓我。但是你知道原因吗？是因为有人跟楚王说，我有一颗宝珠。楚王一心想得到我的宝珠，可我的宝珠已经丢失了。楚王不相信，以为我在欺骗他。我没有办法，只好逃跑，现在如果你把我交给楚王，我将在楚王面前说是你夺去了我的宝珠，并吞到肚子里去了。楚王为了得到宝珠就一定会先把你杀掉，并且会剖开你的肚子，把你的肠子一寸一寸地剪断来寻找宝珠。这样我活不成，而你会死得更惨。"斥候信以为真，非常恐惧，只得把伍子胥放了。伍子胥终于逃出了楚国。

伍子胥在被斥候抓住以后，是处于一种绝对的劣势地位，要想通过与斥候的讨价还价而让斥候放走他简直难如登天。为了改善这一局面，必须采取一个策略。

伍子胥已经告诉斥候，如果斥候选择押送，他就会选择诬陷。因为对于伍子胥来说，在这种情况下无论是否诬陷斥候，他的结局是不变的。对于这一点，斥候也十分清楚。因此，伍子胥的威胁是可信的。伍子胥的这一策略行动改变了斥候的预期，进而改变了他在讨价还价中的地位，增强了自己讨价还价的能力。

对于未来可能会出现的危机，人们总是抱着"宁可信其有，不可信其无"的态度，这是一种预期的支付，以保证自己能够免于陷入困境。这种预期支付心理，恰恰给了处于显性困境者以机会，他们完全可以采用欺骗的方式让对方作出预期支付，从而帮自己摆脱劣势的困境。

伍子胥正是运用此种策略，三言两语巧妙地转换了自己的劣势处境，并且把自己的困境与斥候的困境捆绑在了一起，迫使其作出了帮助自己解围的理性选择。

　　这对于我们每个人在处于劣势时转换思维方式，是很有启示的。学会通过改变我们与对手之间的位置，创造一个困难，使对方陷入与你一样无法全身而退的困境，进而创造一个对自己的讨价还价有利的优势。

第十五章 讨价还价的策略

保持足够的耐心

曾有一位山东富商来到一个卖古玩字画的店里，看中了一套三件精美细致的瓷器，售价800两银子。富商认为价格太高，于是推说只看中了其中两件，要店主降价。店主看了看他，要价仍是800两。富商不愿掏钱。这时店主慢悠悠地开口说："这样看来，你是没有看中我这套东西。既然这样，我怎么好意思再卖给别人呢？"说着，他随手拿起一件丢在了地上，精致的瓷器马上摔得粉碎。富商见自己喜爱的瓷器被摔碎了，再也没法矜持下去，急忙阻拦，问剩下的两件卖多少钱？店主伸手比了一下：800两。富商觉得太离谱了，又要求降价。店主并不答话，把另一件瓷器摔在地上。富商觉得只剩下最后一件了总该降价了吧。谁知店主面色不改，仍要800两。富商有些生气地说："难道1件和3件的价钱一样吗？"店主想了想，微然一笑说道："是不应该一个价钱，我这一件卖1000两。"富商还在犹豫，店主又把最后一件瓷器拿在手里。富商再也沉不住气了，请求店主不要再毁了，他愿意出1000两银子把这套残缺不全的瓷器买走。

那位山东富商走后，看得目瞪口呆兼佩服得五体投地的小伙计问店主："为什么摔掉了两件，反而卖了1000两银子？"店主回答说："物以稀为贵。富商喜欢收藏瓷器，只要他喜欢上的东西，是绝不会轻易放弃的。我摔掉两件，剩下的一件当然价钱就更高了。"

我们可以看出，在这场讨价还价当中，耐心和坚持到底的态度最终扩大了店主的收益。这个故事揭示了一个博弈论的小招数：一定要耐心，不要暴露某些重要细节，让别人以为你不会出手，当对手迫不及待地想利用你的迟延时，就可以有力地回击。

这在我们的生活中是常见现象：非常急切的买方往往要付高一些

的价钱购得所需之物；急切的销售人员往往也是以较低的价格卖出自己所销售的商品。正是这样，富有经验的人买东西、逛商场时总是不紧不慢，即使内心非常想买下某种物品，也不会在商场店员面前表现出来；而富有经验的店员们总是会以"这件衣服卖得很好，这是最后一件"之类的陈词滥调劝诱顾客。

因此，对于任何谈判我们都要注意两方面的问题。一方面尽量摸清对方的底牌，了解对方的心理，根据对方的想法来制定自己的谈判策略。另一方面，就是耐性，谈判者中能够忍耐的一方将获得更多的利益，我们凭借直觉就可以判断，越是急于结束谈判的人会越早让步妥协，或作出较大的让步。在类似这样的博弈中，如果考虑每一方谈判时间的价值，就可以在数学上严格地证明这一直觉的合理性。

第十六章

需要警惕的"路径依赖"

> 在现实生活中,存在着报酬递增和自我强化的机制,这种机制使人们一旦选择走上某一路径,要么是进入良性循环的轨道加速优化,要么是顺着原来的错误路径下滑,甚至被"锁定"在某种无效率的状态下而导致停滞,想要摆脱变得十分困难。这种路径依赖现象提醒我们,我们的初始选择至关重要,这个关键的第一步一定要走好。

最好一开始就是对的

"路径依赖"这个名词，是由 1993 年诺贝尔经济学奖的获得者诺思提出的，它的含义是：在经济生活中也有一种惯性，类似物理学中的惯性，一旦选择进入某一路径（无论是"好"的还是"坏"的）就可能对这种路径产生依赖。某一路径的既定方向会在以后的发展中得到自我强化。人们过去作出的选择决定了他们现在及未来可能的选择。好的路径会起到正反馈的作用，通过惯性和冲力，产生飞轮效应而进入良性循环；不好的路径会起到负反馈的作用，就如厄运循环，可能会被锁定在某种低层次状态下。

一个有关历史的细节，或许可以让我们看清路径依赖的伟力。这个细节，就是屁股决定铁轨的宽度。

现代铁路两条铁轨之间的标准距离是四英尺又八点五英寸，这个标准哪来的呢？早期的铁路是由建电车的人所设计的，四英尺又八点五英寸正是电车所用的轮距标准。那么，电车的标准又是从哪里来的呢？最先造电车的人以前是造马车的，所以电车的标准是沿用马车的轮距标准。马车又为什么要用这个轮距标准呢？英国马路辙迹的宽度是四英尺又八点五英寸，所以，如果马车用其他轮距，它的轮子很快会在英国的老路上撞坏。这些辙迹又是从何而来的呢？从古罗马人那里来的。因为整个欧洲，包括英国的长途老路都是由罗马人为其军队所铺设的，而四英尺又八点五英寸正是罗马战车的宽度，任何其他轮宽的战车在这些路上行驶的话，轮子的寿命都不会很长。罗马人为什么以四英尺又八点五英寸为战车的轮距宽度呢？原因很简单，这是牵引一辆战车的两匹马屁股的宽度。

故事到此还没有结束，美国航天飞机燃料箱的两旁有两个火箭推

第十六章 需要警惕的"路径依赖"

进器,因为这些推进器造好之后要用火车运送,路上又要通过一些隧道,而这些隧道的宽度只比火车轨道宽一点,因此火箭助推器的宽度是由铁轨的宽度所决定的。所以,最后的结论是:路径依赖导致了美国航天飞机火箭助推器的宽度竟然在两千年前便由两匹马屁股的宽度决定了。

这就是路径依赖,看起来有几许悖谬与幽默,却是事实。

路径依赖被总结出来之后,人们把它广泛应用在各个方面。在现实生活中,由于存在着报酬递增和自我强化的机制,这种机制使人们一旦选择走上某一路径,要么是进入良性循环的轨道加速优化,要么是顺着原来错误路径往下滑,甚至被"锁定"在某种无效率的状态下而导致停滞,想要完全摆脱变得十分困难。

需要说明的是,路径依赖本身只是表述了一种现象,它可以是天使,也可以是魔鬼,关键在于你的初始选择正确与否。

共同知识降低社会交易成本

在路径依赖的作用下,人们之间往往存在着一种可以称为惯例的共同知识。这些共同知识能提供给博弈的参与者一些确定的信息,因而它也就能起到节省人们在社会活动中的交易费用的作用。最明显的例子是格式合同。格式合同又称标准合同、定型化合同,是指当事人一方预先拟定合同条款,对方只能表示全部同意或者不同意。因此,对于另一方当事人而言,要订立合同,就必须全部接受合同条件。现实生活中的车票、船票、飞机票、保险单、提单等都是格式合同。在进行一项交易时,只要交易双方签了字就产生了法律效力,也就基本上完成了一项交易活动。

可以想象,如果没有这种标准契约和格式合同,在每次交易活动之前,各交易方均要找律师起草每份合同,并就各种合同的每项条款进行谈判、协商和讨价还价,那么所浪费的不仅仅是金钱还有时间。

没有共同知识的博弈,会给整个社会无端增加许多交易成本。

著名相声大师刘宝瑞先生有一个《知县见巡抚》的著名段子,说的就是一个因为缺少共同知识而产生的笑话。

光绪年间,浙江杭州有个茶叶铺,字号叫"大发"。掌柜钱如命深通生财之道,十几年的工夫就开了好几个分号,还在安徽买了座茶山,坐庄收茶,大发财源。可就是一样,钱掌柜斗大的字不认识两麻袋,是一个大文盲。钱如命的钱越赚越多,觉得当官比做买卖好,又赚钱,又威风。

当时做官有两种途径:一种是科举及第,凭学问本事考中;另一种是捐班,花钱可以买官。钱如命于是花8000两银子买了个实缺知县,

第十六章 需要警惕的"路径依赖"

走马上任。

钱如命做了一年多知县，8000两银子的本儿早已不知翻了几番，官瘾也就越来越大，想弄个知府做做。于是他带着大批银两到省城，托人给巡抚送了一份厚礼，另加一张一万两银子的银票。巡抚一看礼物不轻，当时就派人传唤。钱如命换了身新官衣来到衙门，见了巡抚，行完礼，落了座，差人献茶。

在当时，官场上为客人献茶只是一种形式，客人并不真正喝茶，尤其是当下属拜见上司时，即使面前有一杯茶，也绝对不能喝，当正事说完后，主人会举起茶杯说"请喝茶"，那就是告诉你应该走啦。这时客人会识趣地赶快告辞。因此端茶是一种送客的暗示，这实际上也是官场上的一种共同知识，无须交代。像巡抚这样的官，只要一端起茶碗，底下的差人马上就喊"送客"，你有多重要的事情没谈也得告辞。这个官场规矩叫"端茶送客"。

可是钱如命是茶叶铺掌柜出身，不懂这一套，他心想：他是巡抚，我是知县，应当主动客气。坐了一会儿，他双手捧起茶碗对巡抚说："大帅，您喝茶！"巡抚听了心里一愣：怎么，你跑到我这儿"端茶送客"来啦？你打算把我轰哪儿去呀！钱如命看巡抚没言语，又奉承了一句："大帅，您这茶叶真不错，我一尝就知道是地道的西湖龙井！"巡抚心里不高兴，脸上可没露出来。倒不是这位巡抚大人宽宏大量，实在是看在那银票的分上，要不然早就翻脸了！

事实上在生活交际中，共同知识起着一种不可或缺的作用，只不过我们并没有意识到而已。

这虽然是个笑话，我们却可以从中了解到，共同知识对于生活于社会上的人们，具有如何重大的意义。

在社会上无处不在的这类共同知识，当然并不仅限于端茶代表送客这样表层的东西，像某些习俗、同业行规、银行信用的使用等这些都是共同知识。

除了这些显性的惯例，还有一些隐性的，但是心照不宣的惯例，同样在支配着各个领域的社会生活，著名作家吴思将其称为"潜规则"。

而不论是显性的惯例，还是潜在的规则，这些共同知识均可降低整个社会的交易成本，我们每个人在日常生活中应尽量掌握。

第十六章　需要警惕的"路径依赖"

现在，打破思维定式

依据路径依赖理论，人们一旦作了某种选择，惯性的力量会使这一选择不断自我强化，并在头脑中形成一个根深蒂固的惯性思维。久而久之，在这种惯性思维的支配下，你终将沦为经验的奴隶。

一次，一艘远洋海轮不幸触礁，沉没在汪洋大海里，幸存下来的9位船员拼死登上一座孤岛，才得以幸存下来。

但接下来的情形更加糟糕，因为岛上除了石头，还是石头，没有任何可以用来充饥的东西。更要命的是，在烈日的暴晒下，每个人口渴得冒烟，水成为最珍贵的东西。

尽管四周都是海水，可谁都知道，海水又苦又涩又咸，根本不能用来解渴。现在9个人唯一的生存希望是老天爷下雨或别的过往船只发现他们。

9个人在煎熬中开始了漫长的等待，然而老天没有任何下雨的迹象，天际除了海水还是一望无边的海水，没有任何船只经过这个死一般寂静的岛。渐渐地，他们支撑不下去了。

8位船员相继渴死，当最后一位船员快要渴死的时候，他实在忍受不住地扑进海水里，"咕嘟咕嘟"地喝了一肚子海水。船员喝完海水，一点儿也觉不出海水的苦涩味，相反觉得这海水非常甘甜，非常解渴。他想：也许这是自己渴死前的幻觉吧，便静静地躺在岛上，等着死神的降临。

然而，他一觉醒来发现自己还活着，奇怪之余，他依靠喝岛边的海水度日，终于等来了救援的船只。

后来人们化验海水时发现，由于岛附近有地下泉水不断翻涌，所以，这里的海水实际上是可口的泉水。

通常我们都知道，海水是不能饮用的，对此我们已经形成了惯性思维，也就是路径依赖。在路径依赖的影响下，故事中的船员根本没有作任何尝试就认定那里的海水是不能喝的。可是他们临死都不知道那海水其实是清甜可口的泉水。

类似屁股决定铁轨的路径依赖充斥着我们的生活，经验成了我们判断事物的唯一标准，存在的当然变成了合理的。随着知识的积累、经验的丰富，我们变得越来越循规蹈矩，路径依赖已经成为人类同自己的内心进行博弈时的一大障碍。

思维定式是一种人人皆有的思维状态，当它支配我们的常态生活时，似乎有某种"习惯成自然"的便利。但是用僵化和固定的观点认识外界的事物，对我们有百害而无一利。

《围炉夜话》指出："为人循矩度，而不是精神，则登场之傀儡也；做事守章程，而不知权变，则依样之葫芦也。"在人生博弈中，为了做一个心灵自由的人，我们必须打破惯性思维，不要做经验的奴隶。

第十七章

博弈绝不是赌博

> 数学界有一个词叫"酒鬼漫步",是说一个酒鬼在断崖边漫步,每一步都有 0.4737 的概率把他带离断崖,约 0.5263 的概率把他带向断崖。从长期来看,他每走一步就会向断崖逼近 0.0526 步(两个概率值之差)。跌下崖可能要花上好长一段时间,但这是迟早的事。这与赌博有异曲同工之妙,因为从长远来看,赌博也是一个注定会输的游戏。反对赌博,不只是一种道德立场,也是一种明智的策略选择。

赌博时你赢的机会是负的期望

人的骨子里都有一种赌博的倾向,2003年的一次调查显示,澳大利亚的成年人中有86%参与不同形式的赌博,其中,2%的男人和1%的女人是狂热的赌徒,还有5%的男人和2%的女人是潜在的狂热赌徒。但这些赌徒不知道的是,不论是客观还是主观都早已注定了他们失败的结局。

约翰·斯卡恩在他的《赌博大全》中写道:"当你参加一场赌博时,你要因赌场工人设赌而给他一定比例的钱,所以你赢的机会就如数学家所说的是负的期望。当你使用一种赌博系统时,你总要赌很多次,而每一次都是负的期望,绝无办法把这种负期望变成正的。"

约翰·斯卡恩从客观上点明了赌博注定会输的原因,举例说:假如你和一个朋友在家里玩"猜硬币",无论谁输谁赢,这都是一个"零和游戏"——一个人赢多少钱,另一个人就输多少钱,不必要花费成本(其实这样说并不准确,你们都要花费时间成本)。但是在赌场就不同了,赌场不是无本生意,要有各种成本投入,如设备、人员、房租等,更何况赌场老板要赚钱,这些开销都要摊到赌客身上。姑且把这些开销低估为10%,也就是说,赌客们拿100元来赌,可只能拿走90元,长期下去,每个人的收入肯定小于支出。

我们就以美国最典型的轮船赌为例:台子上有38个洞,其中18个是红色,18个是黑色。小球滚到红、黑洞的机会一样,不过并不完全是对等赌局,因为小球进每个红、黑洞的概率都是18/38,约相当于0.4737。还有两个洞算是"空门",如果小球进了这两个洞,谁都输钱。不要小看这两个洞,赌场就是依靠这个赢了赌客的钱。

现在你可以把所有赌客看成一方，把赌场看成另外一方，因为每个人的概率都是 0.4737，也就是说，每赌一次输的可能都比赢大一点点，一次、两次可能不算什么，可是次数越多，这个差距就会显现出来，并决定最终的结局——赌客血本无归。

除了上面这个客观原因之外，从主观上来说，嗜赌的结局必定是血本无归，这里存在一个边际效用递减问题。边际效用递减说的是：消费者在消费物品时，每一单位物品对消费者的效用是不同的，它们是递减关系。比如，对一个饿着肚子的人来说，第一碗饭对他的效用最大，第二碗饭则没有那么大了，吃到一定程度后，再吃的饭对他的效用是负的，即不仅不能给他好处，反而是负担。

买车的人也一样，当他买了第一辆车时，他感到方便很多，同时有巨大的心理满足感。当他买第二辆车时，由于他不能同时用两辆车，这第二辆车给他的效用就没有第一辆车大。当然第二辆车还能起到备用的作用，而且会增加他的炫耀资本，此时总的效用是增加的，但增加的幅度没有他买第一辆车时增加的幅度大。如果他继续购车，买了车后，既要雇司机，又要准备停车的车库，同时要防范窃贼等，这些成本反而可能高于第三辆车给他带来的效用，是得不偿失的。

在赌场上，边际效用递减效应同样在发挥它巨大的威力。萨缪尔森曾经说过："增加 100 元收入所带来的效用，小于失去 100 元所损失的效用。"

比如一个赌徒去赌场赌，随身带了 1000 元，赢了 200 元，这时要求他离开赌场可能没什么，但如果是输了 200 元，这时要求他离开可能就很难。这正是边际效用递减的表现，从主观上注定了赌徒最终的血本无归。

面对生死课题不容闪失

赌博,在汉语词典中的含义是用斗牌、掷骰子等形式,拿财物作注比输赢。在现实生活中,其引申的含义很广,不仅其形式早已不止斗牌、掷骰子等,拿来做赌注的东西也从财物延伸到声誉甚至生命。

当年,陶朱公在功成名就时急流勇退,他不贪名,不贪利,为世代楷模。然而,他的长子没有继承他的这一优点。

陶朱公原名范蠡,他帮助越王勾践打败吴王夫差以后,功成身退,转而经商,辗转来到陶地,自称朱公,人们都称他为陶朱公。他谋划治国治军的功夫厉害,经商赚钱的本事也不差,陶朱公成了大富翁。

后来他的二儿子因杀人被囚禁在楚国。陶朱公想用重金赎回二儿子的性命,于是决定派小儿子带着许多钱财去楚国办理这件事。长子听说后,坚决要求父亲派他去,他说:"我是长子,现在二弟有难,父亲不派我去反而派弟弟去,这不是说明我不孝顺吗?"并声称要自杀。陶朱公的老伴也说:"现在你派小儿子去,还不知道能不能救活老二,却先丧了长子,如何是好?"陶朱公不得已就派长子去办这件事,并写了一封信让他带给以前的好友庄生,交代说:"你一到之后,就把钱给庄生,一切听从他的安排,不要管他怎么处理此事。"

长子到楚国后,发现庄生家徒四壁,院内杂草丛生,按照父亲的嘱咐,他把钱和信交给了庄生。庄生说:"你就此离开吧,即使你弟弟出来了,也不要问其中的原委。"但长子告别后并未回家,而是想:这么多钱给他,如果二弟不能出来,那不吃大亏了?于是留下来听候消息。庄生虽然穷困,却非常廉直,楚国上下都很尊敬他。陶朱公的贿赂,他并不想接受,只准备在事成之后再还给他,所以那些钱财他分毫未动。陶朱公长子不知原委,以为庄生无足轻重。

第十七章　博弈绝不是赌博

之后，庄生进言楚王，令天下大赦。朱公的长子听说天下大赦，认为金子送给庄生是多余，并想讨回金子。虽然他也打算等看到二弟被平安放出来，再讨要金子，但是他怕到时候庄生有了借口，于是他打算赌一把，但他不知道的是他这次赌的是他二弟的性命。

长子去向庄生告辞。庄生看出他是来讨金子，于是说：在里屋，你自己取走吧。庄生虽然并无意将金子据为己有，但是看见陶朱公长子如此行径十分羞愧，便进言楚王令陶朱公的二儿子在大赦之前被斩。

长子最终带回的是其二弟的尸首。

金钱的诱惑自古以来就是巨大无比的，很多人往往舍命不舍财，这个命可能是自己的命，也可能是他人的命。因为过于看重钱财，许多人在重要关头常常作出错误的决断，置承诺、信誉于不顾，殊不知，出尔反尔、没有诚意的背后将是惨痛无比的代价。

对于赌徒而言，大多数人的想法都是希望用较小的投入获得较大的收益，然而这种情况不是经常出现的。

赌博游戏其实都是一样的，背后逻辑很简单：长期来看，你肯定会输，不过在游戏过程中，也许会有领先的机会。因此如果策略对头，也许可以在领先时收手。但多数情况是，当你领先之后，继续赢的欲望便会诱使你再一次下注，于是一个赌徒出现了。而赌徒所玩的是一个必输的游戏。因为对于一个豪赌者而言，赢的概率是非常低的。尽管豪赌者赢的概率非常低，历史上的豪赌者却不少，他们当中更多的是政治豪赌者。像西汉时的王莽，其谦恭、俭朴、敬顺等所有的美德，只不过是其豪赌心理的虚假掩饰。他真正的目的是篡位窃国。然而，其违逆时势、不得人心的行为，最终使其在这场赌局中满盘皆输，甚至丢了性命。

在政治上押宝，是一种风险性极高的赌博行为，因为赌博者押上的不仅仅是金钱，还有比金钱更宝贵的生命等。

彩票、赌博与投资

从某种意义上说，赌博与买彩票、投资并没有严格的界限。这三者收益都是不确定的；其次，同样的投资工具，比如期货，你可以按照投资的方式来做，也可以按照赌博的方式来做——不作任何分析，孤注一掷；同样的赌博工具，比如赌马，你可以像多数人所做的那样去碰运气，也可以像投资高科技产业那样去投资——基于细致的分析，按恰当的比例下注。

但是买彩票、赌博和投资也有显著不同的地方：投资要求期望收益一定大于0，而赌博、买彩票不要求，比如赌马、赌大小的期望收益就小于0；支撑投资的是关于未来收益的分析和预测，而支撑赌博和买彩票的是侥幸获胜心理。

几年以前，美国加州一名华裔女子买彩票中了头奖，赢得8900万美元奖金，创下加州彩票历史上个人得奖金额最高纪录。当消息传开之后，一时之间很多人跃跃欲试，纷纷去买彩票，彩票公司因此而大赚一笔。

然而，从数学的角度来看，在买彩票的路上被汽车撞死的概率远高于中大奖的概率。每年全世界死于车祸的人数以数十万计，中了上亿美元大奖的却没几个。死于车祸的人中，有多少是死在去买彩票的路上呢？这恐怕难以统计，因而"死于车祸多于中奖"也成了无法从当事人调查取证的猜想。

在概率论里，"买彩票路上的车祸"和普通的车祸是完全不同意义的事件，是有条件的概率，这个概率是建立在"买彩票"和"出车祸"两个概率上的概率。不管怎么说，这都应该是一个极小的概率，它的概率比中大奖的还大，可见中大奖的难得和稀奇。

但买彩票的人比参与赌场赌博的人多得多，不能不说很多人缺乏理性的思考。通常，赌场的赔率是80%甚至更高，而彩票的赔率还到不了50%，也就是说买彩票还不如去赌博。但很多人热衷于彩票，渴望一夜暴富，一把改变命运。精通消费者心理学的商家，不在每件商品上打折，而是推出购物中大奖之类的活动，也和彩票异曲同工，既节约成本，又满足了顾客的"侥幸"心理。

实际上，彩票中奖的概率远比掷硬币连续出现10个正面的"可能性"小得多。如果你有充裕的空闲时间，不妨试试，拿一块硬币，看你用多长时间能幸运地掷出自始至终的连续10个正面。实际上，每次抛掷时，你都"幸运"地得到正面的可能性是1/2，连续10次下来都是正面的概率是10个1/2相乘的积，也就是$(1/2)^{10}=1/1024$。想想吧，1/1000的概率让你碰上了，难道不需要有上千次的辛勤抛掷做后盾？

赌博就是赌概率，概率的法则支配所发生的一切。以概率的观点，就不会对赌博里的输输赢赢感兴趣。因为无论每一次下注是输是赢，都是随机事件，背后靠的虽然是你个人的运气。但作为一个赌客整体，概率站在赌场一边。赌场靠一个大的赌客群，从中抽头赚钱。而赌客，如果不停地赌下去，构成了一个大的赌博行为的基数，每一次随机得到的输赢就没有了任何意义。在赌场电脑背后设计好的赔率面前，赌客每次下注，都没有意义了。

投资也是一种博弈——对手是"市场先生"。但是，评价投资和评价通常的博弈比如下围棋是不同的。下围棋赢对手一目空和赢一百目空结果是相同的，而投资赚钱是越多越好。由于评价标准不同，策略也不同。

对于赌大小或赌红黑那样的赌博，很多人推荐这样一种策略：首先下一块钱（或1%），如果输了，赌注加倍；如果赢了，从头开始再下一块钱。理由是只要有一次赢了，你就可以扳回前面的全部损失，反过来成为赢家——赢一元；有人还认为它是一种不错的期货投资策略。实际上，这是一种糟透了的策略。因为这样做虽然胜率很高，但是赢时赢得少，输时输得多——可能倾家荡产，期望收益为0不变，而风险无限大。不过，这种策略对于下围棋等博弈倒是很合适，因为下围棋重要的是输赢，而不在于输赢多少目。

许多赌博方式都有庄家占先的特例。比如掷3只骰子赌大小，只要庄家掷出3个"1"或3个一样的，则不管下注者掷出什么，庄家通吃，这使得庄家的期望收益大于0，而下注者的期望收益小于0。从统计的角度看，赌得越久，庄家胜率越大。

因而，赌场老板赢钱的一个重要原因便是：参赌者没有足够的耐心，或赌注下得太高，使得赌客很容易输光自己的资金，失去扳本的机会；而赌场老板的"战斗寿命"要长得多，因为资金实力更雄厚，也因为面对不同的赌客老板分散了投资，因而不容易输光。

有部美国电影叫《赌场风云》，其中讲到，如果谁赢了大钱，老板就会想方设法缠住他再赌，使用的办法小到让妓女去挽留，大到让飞机晚点。没有耐心的赢家往往很快会变为输家。

上面讲的还是比较规范的赌场，有的赌场在赌具上搞鬼（出老千），或者使用暴力挽回损失，那么赌徒就更没有赢钱的希望。

并不是所有人都可以理性决策。比如从心理学的角度来看，大多数情况下，人们对所损失的东西的价值估计高出得到相同东西的价值的两倍。人们的视角不同，其决策与判断是存在"偏差"的。因为，人在不确定条件下的决策，不是取决于结果本身而是结果与设想的差距。也就是说，人们在决策时，总是会以自己的视角或参考标准来衡量，以此来决定决策的取舍。

当然，由于人的冒险本性和总希望有意外惊喜的本性，使得赌博可以作为一种娱乐。如果把赌博作为一种事业，嗜赌成瘾，贪婪、侥幸，带着一夜暴发的贪心会导致赌博过度，那就不是小赌怡情了，而是从娱乐变成痛苦。因为，"贪"字是由"今"和"贝"两个字构成，"今"是现在的意思，"贝"是金钱的意思，指的是急功近利。"婪"字是由"林"与"女"两个字构成，指的是女人如林，欲海无边。

第十八章
练就博弈思维

> 人的一生中，风险无处不在，在应对每一场风险的时候，我们都要采取正确的策略性思维，时刻保持对风险的"痛觉"，而不要被"血腥味"刺激得有进无退。要知道，"血腥味"最浓的时候，就是风险最大的时候。

卖豆子的思维

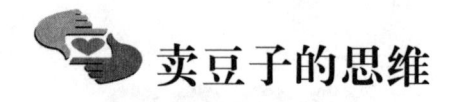

曾看过一篇文章，名为"卖豆子"：

卖豆子

假如你是卖豆子的商贩，豆子卖得动，直接赚钱当然最好；

如果豆子滞销，分4种办法处理：

1. 可以考虑让豆子沤成豆瓣，卖豆瓣

如果豆瓣卖不动，腌了，卖豆豉；

如果豆豉还卖不动，加水发酵，改卖酱油。

2. 可以将豆子做成豆腐，卖豆腐

如果豆腐不小心做硬了，改卖豆腐干；

如果豆腐不小心做稀了，改卖豆腐花；

如果实在太稀了，改卖豆浆；

如果豆腐卖不动，搁点盐巴、调料什么的，放上几天，变成臭豆腐卖；

如果还卖不动，让它长毛彻底腐烂后，改卖腐乳。

3. 让豆子发芽，改卖豆芽

如果豆芽还滞销，再让它长大点，改卖豆苗，这玩意儿也时兴；

如果豆苗还卖不动，再让它长大点，干脆当盆栽卖，而且，为了卖得好，给它一个很时尚的名字"豆蔻年华"，到城市里的各所大中小学学校门口摆摊和到白领公寓区开产品发布会，记得这次卖的是文化而非食品；

如果还卖不动，建议拿到适当的闹市区进行一次行为艺术创作，题目是"豆蔻年华的枯萎"，记得以旁观者身份给各个报社打电话报新闻材料，不仅可用豆子的代价迅速成为行为艺术家以完成另种意义上的资本回收，同时可以向各报社拿点新闻线索奖金。

4. 如果行为艺术没人看，报社奖金也拿不到

赶紧找块地，把豆苗种下去，灌溉施肥除草，3个月后，收成豆子，再拿去卖。如上所述，循环一次。

经过若干次循环，即使没赚到钱，豆子的囤积相信也不错，那时嘛……嘿嘿，你想卖豆子就卖豆子，想做豆腐就做豆腐，豆浆做两碗，喝一碗，倒一碗！

上面这篇文章虽然不乏调侃的意味，但其中所折射出来的策略性思维——以"活"制胜很值得我们吸取。

以活制胜的基本要求是弃直线思维而取发散思维。我们每一个人的大脑都有两个半球，左半球和右半球。每个人都有数量差不多的脑细胞，可是有些人是发散思维，有些人却是直线思维，恪守直线思维的人四肢发达，头脑简单，说话直肠子，思维一条线。只知道一加一等于二，就是明白不了三减一也是等于二；只知道一个月是30天，半个月是多少天很让他们费解；他们一条道走到黑，不知变更；他们只认死理，不认活理；他们的思维是呆板的、僵硬的、不知变通的。

面对同一问题，直线思维策略和发散思维策略，会产生不同的结果。

当一艘船开始下沉时，几位来自不同国家的商人还在谈判，根本不知道将要发生什么事。船长命令大副："去告诉那些人穿上救生衣跳到水里去。"

几分钟后大副回来报告："他们不往下跳。"

"我去看看。"船长说着，就走出去了。

不一会儿，船长回来说："他们都跳下去了。"

大副很惊讶："我一个劲儿地跟他们说船要沉了，让他们快点跳下水，可是说了半天没有一个人理我。为什么你一去他们就跳了呢？"

"我运用了心理学，"船长说，"我对英国人说，那是一项体育锻炼，于是他跳下去了；我对法国人说，那是一件很潇洒的事；对德国人说那是命令；对意大利人说，那是不被基督禁止的；对苏联人说，那是革命行动。他们就一个接一个地跳了。"

"那美国人呢,您是怎么让美国人跳的呢?"

"我对他们说,他们是被保过险的。"

生活中,我们遇到问题时,必须运用发散思维不断地变换解决问题的角度,思考解决问题的最新方法。针对同一个问题,沿着不同的方向去思考,在思考中不墨守成规、不拘泥于传统、不受已有知识束缚、没有固定范围的局限,才能探求出不同的、特异的解决问题的方法。

唯一不变的是变化

以前,有一个出海打鱼的好手,他听说最近市场上墨鱼的价格最贵,就发誓这次出海只打墨鱼。然而很不幸,这次他打到的全是螃蟹,渔夫很失望地空手而归。当他上岸后才知道螃蟹的价格比墨鱼还要贵很多。于是,第二次出海他发誓只打螃蟹,可是他打到的只有墨鱼,渔夫又一次空手而归。第三次出海前,他再次发誓这次不管是螃蟹还是墨鱼都要,但是,他打到的只是一些马鲛鱼,渔夫第三次失望地空手而归。可怜的渔夫没有等到第四次出海,就已经饥寒交迫地离开了人世。

变,是事物的本质特征。面对瞬息万变的社会,聪明的人有三种策略性思维:一是以不变应万变。如果没有实力的支撑,这只是一种最消极的态度。二是以变应变。这种策略其实也只能算作无奈的选择。比如说人家拿出了新产品,你跟在后面来个"东施效颦";人家降价了,你忙不迭地也来个大甩卖,变来变去始终是被动应付,在这种情况下只要能够不被拖垮就已经是不错了,新局面是难以看到的。三是以变制变。一个"制"字,情况大不一样了,而它所反映出来的只是一种主动进取的精神,是一种度势控变的能力,其效果是变反倒成了一种机遇,在变中获得新的发展。

在上面的故事中,如果渔夫第一次就打些螃蟹拿回来卖掉,最起码可以保证吃饱穿暖;如果他能在第二次打些墨鱼拿回来卖掉,那以后的一段时间中,可以不用为饿肚子而犯难;如果他第三次出海捕些马鲛鱼拿回来卖掉,也可以填饱肚子。如果他能够以变制变,也就不会到最后被饿死。

由此可见,面对瞬息万变的社会,一个人要想在生活中过得顺心,就必须具有灵活应变的能力。在生活中是这样，在商战中亦是这样。市场竞争，风云多变，只有灵活应变、全面兼顾，才能掌握主动权。这是一种经营之道，更是一种博弈之道。

在一家大公司的首席执行官招聘会上，有200多个人落选，只有一个人被相中了。

这家公司在招聘时，为了考查应聘者的随机应变能力出了这样一道题：如果在一个下大雨的晚上，你下班开车路过一个车站，看见车站里有3个人，一个人是曾经救过你命的医生，一个是生命垂危的病人，一个是你做梦都心爱着的人。请问，在你的车只能坐两个人的情况下，你会选择谁来坐你的车？

在那些应聘者当中，有的人说选老头儿，先把老头儿送进医院再说；有的人说选择医生，因为这位医生曾经救过他的命，把医生送到医院再叫救护车救那个老头；有的人选心爱的人……都被考官们一一否定了。

直到有个年轻人进门后，仔细地看了看题，然后抬起头自信地说："我会把车交给医生，让他送老者去医院抢救，至于我，会陪着心爱的人一起等车。"考官们听后，露出了高兴的笑容，这个年轻人被录取了。

世上的事，常常是风云突变，叫人难以把握。因此，我们很难知道未来是什么样子，很难知道明天我们将面临什么困难，也就经常陷入进退两难的博弈困境。为了在困境中作出明智的决策，我们就要运用正确的策略性思维，以变应变，根据实际情况合理安排。只有做到了"因利而制权"，伺机而动，才能让自己有更大的发展。

时刻保持危机感

北极的因纽特人利用当地的气候条件，发明了一种独特的捕狼方法：

方法其实很简单，是在冰原上凿一个坑，把一把尖刀的刀柄放进去并略作固定，往刀子上洒上一些鲜血，然后用冰雪把刀子埋好。不一会儿，寒冷的天气就把小雪堆冻成了一个冰疙瘩，最后，他们再往冰堆上洒一点血，就大功告成了，剩下要做的只是到时候来收获猎物。

在冰原上四处觅食的饿狼闻到血腥味后，就会来到这个冰疙瘩前，它以为里面会有一只受伤倒毙的小动物。狼于是开始用自己的舌头舔冰堆上的血迹，并希望将冰堆舔开，以美餐埋在里面的食物。不多会儿，它就舔到了刀尖。但这时，它的舌头因为舔了半天的冰块，已经被冻得麻木了，没有了痛觉，只有嗅觉在告诉它：血腥味越来越浓，美味的食物已经马上就要到口了。

于是，饥饿的狼继续用舌头在刀尖上舔来舔去，它自己的血越流越多，血腥味又刺激着它更加卖力地舔下去……最终，失血过多的狼倒在冰雪地里，成为因纽特人的美食！

对善良的人来说，这是个残忍的故事，狡猾而残忍的人，可怜而愚蠢的狼。在这场狼与人的博弈中，人用了一点点计谋就让狼丧失了对风险的警惕，从而"乖乖"躺在了地上。这就提醒我们，在博弈的过程中，要时刻保持对风险的"痛觉"，莫做刀口舔血的狼。

曾有人说，生存本身就是一种风险。在我们生活的世界里，风险就像空气般充斥在我们的周围；街道、家里、办公场所，时时刻刻隐藏着许多我们无法预知的风险。每一场风险的应对都是我们与他人展开的一场博弈，但更是我们与自身的风险意识的博弈。

譬如，有一则广告上说：你汇款10块钱，就能得到赚1000块钱的最佳方式。一位读者按地址汇去了钱，他得到一封回信，信中只有一句话：找100个像你这样的傻瓜。

再如，一位民工模样的人在街上拦住你，说他挖到了古物而无法出手，以低廉的价格卖给你，你一倒手就能赚多少……你心中暗喜，以为发财的希望就在眼前。可知道真相后才懊悔，他既然能挖到古物，想必他的文物知识比你丰富多了，他无法高价出手，你就能吗？

有时还会碰到有人拿着花花绿绿的外币在银行门口等着你，说急需用钱，便宜些，同你换些人民币——你都不知道那些钱是哪个国家的货币，他能换进来，就换不出去吗，非得找你？

全国各地都在摸彩票，有人就出了关于如何摸彩票中大奖的书——摸彩票完全是赌运气，作者要是发现了规律，还舍得教你？他摸彩票拿大奖不比写书容易？这种例子真是举不胜举。

但就是有很多人掉进了这种显而易见的圈套，为什么？就是因为我们在与这些骗子进行博弈的时候采取了错误的策略性思维，尝到一点甜头，甚至一点甜头还没尝到就丧失了风险意识。

其实，他们的智商不见得有多高，手法也没有多先进，但他们绝对都是人性弱点的专家和好演员，他们绝对了解你的心理。

人的一生中风险无处不在，在应对每一场风险的时候，我们都要采取正确的策略性思维，时刻保持对风险的"痛觉"，而不要被"血腥味"刺激得有进无退。要知道，"血腥味"最浓的时候，就是风险最大的时候。

第十九章

处世与判断

> 生活中是理性重要，还是感性重要？如何与他人相处，建立和不断丰富自己的人脉资源？如何善用自己的优势换取生存？如何判断和选择生存的优势策略？博弈理论阐释的一些原则，能够指导我们作出最有利于自身的判断，在社会关系中游刃有余。

对机会作出准确判断

汤尼到巴拿马度假,他在当地认识了一个叫马科夫的生意人,马科夫向汤尼谈起了一个只要投入资本就可以获利的好机会,他说:"你只要投入10万美元,一年后我会把它变成50万美元,到时候我和你平分这笔钱。所以,你将在一年内获得两倍以上的钱。"

马科夫所说的机会确实很诱人,何况他很愿意按照巴拿马的法律规定签订一份正规合同。但巴拿马的法律有多可靠?如果一年后马科夫卷款潜逃,已经返回美国的汤尼能向巴拿马的法院要求执行这份合同吗?法院有可能会偏向自己的国民,或者可能效率很低,又或者可能被马科夫收买。因此,汤尼实际上是在和马科夫进行一场博弈。

在这场博弈中,如果马科夫遵守合同,他会付给汤尼25万美元;这样,汤尼获得的利润等于25万美元减去初始投资10万美元,即15万美元。马科夫会怎么做呢?在没有十足把握相信马科夫承诺的情况下,汤尼应该预计到马科夫一定会卷款潜逃。但是,利益的诱惑和侥幸心理的存在,面临这样的博弈时,多少"汤尼"作出了错误的推理?这就像文学家塞缪尔·约翰逊说的那样,"再婚,是希望压倒经验的胜利。"马科夫承诺的巨额回报的利益蛋糕,在汤尼身上点燃的热情,同样会导致想象压倒现实的结果。

策略博弈的本质在于参与者的决策相互依存。这种相互作用或互动通过两种方式体现出来。第一种方式是序贯发生,就如同汤尼所参与的博弈,参与者轮流出招。当汤尼作出选择的时候,他必须展望一下他当前的行动将会给马科夫随后的行动产生什么影响,反过来又会对自己以后的行动产生什么影响。

第二种互动方式是同时发生,比如第五章的囚徒困境的故事。参与者同时出招，完全不理会其他人的当前行动。不过，每个人必须心中有数，明白这个博弈中还存在其他积极的参与者，而这些人反过来同样非常清楚这一点，依此类推。从而，每个人必须将自己置身他人的立场，来评估自己的这一步行动会招致什么后果；其最佳行动将是这一全盘考虑的必要组成部分。

当你发现自己正在参与一个策略博弈，你必须确定其中的互动究竟是序贯发生的还是同时发生的。汤尼参与的策略博弈显然是序贯发生的。那么，马科夫如何才能让汤尼相信他的承诺呢？

第一，马科夫可以向汤尼介绍说，他也和其他一些企业做交易，这些企业需要在美国融资或者出口商品到美国去。那么，汤尼很有可能会毁坏马科夫在美国的声誉或者直接扣押他的货物，以此实施报复。所以，这个博弈可能只是更大的博弈的一部分，或许是一个持续的互动过程，这一点确保了马科夫的诚信。但是，如果这只是一个一次性博弈，运用倒后推理的方法，汤尼该如何决策，显然应该很清楚了。

第二，马科夫应该认识到，具有策略思维的汤尼必定会对他的承诺有所怀疑，而且根本不会投资，这样，马科夫就失去了赚取 25 万美元的机会。因此，马科夫有强烈的动机使其承诺可以置信。作为一个生意人，他对巴拿马国脆弱的法律体系几乎没有任何影响力，因此并不能以此来打消这位汤尼的顾虑。他还有其他办法让自己的承诺可信吗？

我们已经在前面的"承诺与威胁"一章中，介绍了建立和运用声誉使自己的策略可信的方法。本来订立合同也能够增强承诺的可信性，但因为汤尼对巴拿马的法律体系存疑，所以订立合同这一项可以略去不提。马科夫为了使汤尼相信自己的承诺，还可以通过改变博弈，让汤尼确信这种改变会使他背弃承诺的能力受限制。马科夫还可以利用他人帮助自己遵守承诺，比如建立团队和雇用授权代理人等。

第三，和体育比赛不同，博弈不一定非要有胜出者和失败者，博弈并非都是零和博弈，可以出现双赢和双输的结果。汤尼选择投资而马科夫选择遵守合同这种对双方都有利的情形，优于汤尼根本不投资的情形。

娴熟运用甄别机制

在华盛顿成为总统之前,一位邻居曾经偷走了他的马。华盛顿知道马是被谁偷走的,于是带着警察来到那个偷他马的邻居的农场,并且找到了自己的马。可是,邻居死也不肯承认这匹马是华盛顿的。华盛顿灵机一动,就用双手将马的眼睛捂住说:"如果这马是你的,你一定知道它的哪只眼睛是瞎的。""右眼。"邻居回答。华盛顿把手从右眼移开,马的右眼一点问题没有。"啊,我弄错了,是左眼。"邻居纠正道。华盛顿又把左手也移开,马的左眼也没什么毛病。邻居还想为自己申辩,警察却说:"什么也不要说了,这还不能证明这马不是你的吗?"

华盛顿利用那句"它的哪只眼睛是瞎的"的暗示,使邻居认定"马有一只眼睛是瞎的",成功地给邻居设置了这个信息陷阱,使其露出了破绽,邻居的辩解也就不攻自破。

从博弈论角度来看,华盛顿在断案时所用的方法被称为机制设计。所谓机制设计,就是指裁判者设计一套博弈规则,让不明真相的参与者作出不同的选择,通过他们的选择情况,就可推演出他们隐藏在内心的真实想法和意图。此种机制设计用专业术语来说,就是信息甄别。

克劳塞维茨在《战争论》中说过一句话:"战争中得到的情报,很大一部分是相互矛盾的,更多的是虚假的,绝大部分是相当不确定的。这就要求军官具备一定的信息甄别能力,而这种能力只有通过对事物和人的认识与判断才能得到。"

有一对青年男女分别租住公寓。他们的关系已发展到同居的地步,女方向男方提议放弃他租的公寓,搬过来跟她一起住。这位男人是一个经济学家,他向女人解释了一个经济学原理:有较多的选择终归是比较好的，他们分手的概率虽然很小，但是只要有分手的风险，保留第二套廉租公寓就还是有用的。听了他的一番解释，女人知道了男人的真实想法，便立刻结束了这段关系。

用博弈思维来解释，女人无法从日常的交往中确认男人对她的忠诚度有多少，也就无法确定是否要跟他继续相爱，于是她设计了上面的甄别方式，通过提议男人放弃他的廉租公寓来辨别真相。因为用语言表达爱很容易做到，人人都可以说"我爱你"，如果一个男人用行动——放弃廉租房证明双方爱情忠贞则比较可信；然而他拒绝这样做就等于给出了负面证明，女人结束这段关系是明智的。

实际生活中所涉及的信息甄别，可能会比上例复杂，但是其核心是一样的，即设计出有效的信息甄别机制，通过对手一系列外在的表现，对其所要采取的策略有一个更为深入准确的预见，从而辨别出其真实想法。

很多消费者经常会上当受骗，因为在市场中，商家比消费者拥有更多关于交易物品的信息，也更容易在信息上为消费者设置各种障碍和门槛，并利用自己的优势，引导消费者消费。消费者了解到的只是商品信息的表面，处于信息劣势。

在大街上，我们看惯了"跳楼价""自杀价""清仓还债，价格特优"等招牌，要判断其真实性就需要仔细甄别以选出真正的有利信息，要像华盛顿那样挖掘深层次的信息以用于对事件的判断。

一般而言，掌握信息较多的一方处于有利的地位，可以通过向信息贫乏的一方传递非真实信息而在市场中获益；而信息贫乏的一方处于不利的地位，但他会努力地从另一方获取信息。消费者可以货比3家，从亲戚朋友那里打听，从而获取商品的真实信息。

做正确的事和正确地做事

管理大师彼得·德鲁克曾在《有效的主管》一书中指出:"效率是以正确的方式做事,而效能是做正确的事。效率和效能不应偏废,但这并不意味着效率和效能具有同样的重要性。我们当然希望同时提高效率和效能,但在效率与效能无法兼得时,我们首先应着眼于效能,然后设法提高效率。"

所以"做正确的事"是"正确去做事"的前提和基础,"正确去做事"是"做正确的事"的方法和保障,我们应在"做正确的事"的基础上再"正确去做事"。

参与博弈同样如此,我们必须先确定参与的博弈是正确的,是能够实现自己最大收益的,然后正确地参与博弈。

美国一位著名的富豪向国会提议,将个人捐款限额从 1000 美元提高到 5000 美元,并禁止其他所有形式的捐款:禁止公司捐款,禁止工会捐款,禁止软通货。这个提议听起来很不错,但永远都不会通过。

竞选经费改革之所以难以通过在于,如果通过这个法案,在位立法者的损失最大,因为通过筹资能为他们提供职业保障。如果通过了这一改革方案,显然是有悖于他们自身利益的。

那位提议改革的亿万富翁,看到议员们对其提议不屑一顾,就有点赌气地发表声明:如果这一法案没有通过,他本人就会通过法律允许的方式,向对该法案投赞成票最多的政党无偿捐赠 10 亿美元。

假设你是共和党议员,斟酌一下你自己会怎么选择。如果你料到民主党会支持这一法案,却选择极力反对,那么,如果你成功了,就相当于你白白奉送给民主党 10 亿美元,等于把未来 10 年掌握的资源交给他们。所以,如果民主党支持这一法案,你反对这个法案将得不到任何好处。现在，如果民主党反对这一法案，你作为共和党议员却采取支持的态度，那么，共和党就有可能获得 10 亿美元。

所以，无论民主党的立场如何，共和党都应该支持这一法案。当然，同样的逻辑适用于民主党：无论共和党的立场如何，民主党都应该支持这一法案。结果，双方都支持这一法案，该法案在国会一定能顺利通过，而这位亿万富豪根本用不着花一分钱。

在民主党、共和党两党就该议案进行表决的博弈上，这显然是一个囚徒困境，因为双方都采取了背离其共同利益的行动，追求己方的私利——10 亿美元的巨额捐款，至少不能让对方白白得到这笔巨款。对民主党和共和党任何一方而言，只要赢得这一博弈，就可获得 10 亿美元的巨额捐款，或者阻止对方获得这笔巨款，所以，参与这一博弈是正确的举动。同时，无论对方是支持还是反对，己方采取支持的态度都是优势策略，这就是正确地博弈。

而在富豪和国会的博弈中，议案通过显然是他所希望实现的收益，而只有参与这一博弈，才有可能通过该议案，所以，参与这一博弈是他正确的选择。为了让该议案通过，他采取了一个类似悬赏的策略：如果议案最终未能通过，他将无偿向投该议案赞成票最多的政党捐赠 10 亿美元。这一策略既能激励两党都倾向于投赞成票，同时，即便最终没有通过，也能通过向投赞成票最多的政党提供巨额捐款，来惩罚投不赞成票较多的政党。这显然是正确的博弈策略。最终，两党在恶毒的博弈论的参与下，都投了赞成票，议案成功通过，而富豪也只相当于写了一张空头支票。他大获全胜。

我们从不先验假定博弈结果一定对参与者有利，博弈参与者也没有理由指望博弈的结果一定对自己或社会有利。因此，正确地参与博弈可能远远不够——你还必须确定你参与的博弈是正确的。

把他人当镜子

爱因斯坦的父亲曾经给他讲了这样一件事。

一次,爱因斯坦的父亲和邻居杰克大叔一起去清扫一家工厂的大烟囱。他们踩着烟囱里边的钢筋踏梯爬向顶端。杰克大叔在前,爱因斯坦的父亲在后,二人抓着扶手小心翼翼地向上爬去。清扫完大烟囱,二人依原路返回,依旧是杰克大叔领先,爱因斯坦的父亲断后。

出来后,爱因斯坦的父亲忽然发现,杰克大叔的后背和脸上全被烟囱里的煤灰蹭得黑乎乎的,而他自己由于多加小心,其实他的身上脸上连一点煤灰也没沾上。然而,他看见杰克大叔脏得像个小丑,就以为自己也一定脏得不行,于是跑到附近的小河边洗了又洗。杰克大叔则看见爱因斯坦的父亲钻出烟囱时干干净净的样子,就以为自己也一样干净,只是洗了洗手就大模大样地回家了。路人看见了都笑痛了肚子,以为杰克大叔是个疯子。

爱因斯坦听完父亲讲的故事,笑得连眼泪都流了出来。此时父亲则对儿子说道:"其实,在你的生活与成长中,谁也不能做你的镜子,只有自己才是自己的镜子。如果总拿别人做镜子,白痴或许也会把自己照成天才。"

爱因斯坦父亲的话固然发人深省,说明了自我观照的重要,但我们难道真的不能把别人当自己的镜子吗?

在回答这个问题之前,我们先来看博弈论中一个著名模型:脏脸博弈。

有3个人,每个人的脸都是脏的。因为没有镜子,所以每个人只能看到别人的脸是脏的,但无法知道自己的脸是否是脏的。

一个美女进来后说:你们当中至少一个人脸是脏的。3人相互看看，没有反应。美女又说：你们知道吗？3人再看，顿悟，脸都红了。为什么？

因为3个人中的任何一个人都知道另外两个人的脸是脏的，因此"至少有一个人的脸是脏的"这句话充其量只是把事实重复了一遍而已，然而它是具有"信号传递"作用的关键信息，它使3个人之间拥有共同信息成为可能。假定3个人都具有一定的逻辑分析能力，那么至少将有一人能够确切地知道自己的脸是否是脏的！

下面进行简单推理是为了论述方便，将3个人进行人为排序，并依次命名为A、B、C：

（1）A只能看到B、C的脸是脏的，这符合"你们3人的脸至少有一人是脏的"的描述，因此A无法确切地知道自己的脸是否是脏的；但这隐含着B、C的脸不可能都是干净的，否则A若观察到B、C的脸都是干净的，那么A就可以果断地判断出自己的脸是脏的，即A不能够确定自己的脸是否是脏的。

（2）B得知A无法确切地说出自己的脸是否是脏的，得知"B、C的脸不可能都是干净的"这一推论，但他同时看到C的脸是脏的，这符合"你们3人的脸至少有一人是脏的"的描述，因此B依然无法确切地说出自己的脸是否一定是脏的。

（3）C根据A、B不能够确切地说出他们各自的脸是否一定是脏的已知事实，肯定可以推断出自己的脸一定是脏的。推理如下：

联系（1）、（2）进行反向推理，由于

① "A无法确切地知道自己的脸是否是脏的，隐含着B、C的脸不可能都是干净的"；

② "若C的脸是干净的，那么B一定能够确切地知道自己的脸是脏的"。但是B无法作出判断的事实，等于给C传递了一个信号，C根据A、B共同传递的信号，判断自己的脸一定是脏的。

为什么美女的一句看似无用的废话，3个人就都知道自己的脸是脏的呢？这就是共同知识的作用。

假定一个人群由A、B两个人构成，A、B均知道一件事实t，t是A、B各自的知识，而不是他们的共同知识。当A、B双方均知道对方知道 t，并且他们各自都知道对方知道自己知道 t……此种情况下，t 就成了 A、B 间的共同知识。

  在上面的博弈中，美女的"废话"所引起的唯一改变，是使一个所有参与人事先都知道的事实成为共同知识。在共同知识机制的作用下，故事中的 3 个人，仿佛都从另外两个人身上看到了一面镜子，镜子中清清楚楚地照出了自己的一张脏脸。

第二十章
选举中的博弈智慧

在数学上，人们已经证明出，以投票的多数规则来确定集体的选择会产生循环的结果，这就好像一只狗在追自己的尾巴，会没完没了地循环下去。这是民主制度固有的难题，斯坦福大学教授阿罗将它称为"阿罗不可能定理"。这个定理是博弈论里一个毁灭性的发现，它打破了那些被人们认为真理的观点，也让我们对公共选择和民主制度有了新的认识。

孔多塞的投票悖论

原始社会时，部落内部的重大事务，如各个部落的酋长、部落联盟之间的首领，都是通过投票表决的民主方式完成的。有人称这种社会形态为"原始共产主义"。可见，投票表决是一种古老的表达民意的制度。

新浪、搜狐、天涯社区等国内知名网站经常会通过网络投票等形式就某一问题调查人们的意愿。投票式的民主在当代，已经成为我们必不可少的生活方式之一。

然而200多年前，一个叫孔多塞的人发现了这种民主制度中的悖论。

假设有A、B、C 3个中学生，有一天为明星选秀问题发生了争执。他们在李宇春、周笔畅、张靓颖3人谁更受欢迎的问题上争执不下。

A说，当然是李宇春整体实力最强了；然后是周笔畅，她的歌唱得不错，人也可爱；最后是张靓颖，她唱歌的功力不错，舞姿还稍显不足。

B不同意A的看法，他说论唱歌的功力，应该是周笔畅、张靓颖、李宇春这样排序才对。

C也有自己的看法，他说论外貌，应该把张靓颖排在第一位才对，然后是李宇春，最后是周笔畅。那么，到底谁更受欢迎呢？有没有一个大家都认可的结果呢？

如果规定每人只能投一票决定喜好次序，那3个明星将各得一票，无法分出胜负；如果将游戏规则定为对每两个明星都采取3人投票，然后依少数服从多数原则决定次序，结果怎么样呢？

我们首先来看对李宇春和周笔畅的评价，由于A和C都把李宇春放在了周笔畅的前面，二人都会选李宇春而放弃周笔畅，只有B认为周笔畅的魅力大于李宇春,依少数服从多数原则,第一轮李宇春以2∶1击败周笔畅。

再看对周笔畅和张靓颖的评价:A和B都认为应该把周笔畅放在张靓颖的前面,评最喜欢的明星,二人自然都会投周笔畅的票,只有C一人会投张靓颖的票。在第二轮角逐中,自然是周笔畅获胜。

接着,再来看对李宇春和张靓颖的评价如何。B和C都认为还是张靓颖更棒,只有A认为应该将李宇春放在前面,第三轮当然是张靓颖获胜。

通过这3轮投票,我们是不是可以得出谁更受欢迎的结论呢?我们发现,出现了这样的结果:对李宇春的评价大于对周笔畅的,对周笔畅的评价大于张靓颖的,而对张靓颖的评价又大于对李宇春的,很明显,我们陷入了循环的境地。

这就是孔多塞发现的民主投票制度中的悖论问题,也就是说不管采用何种游戏规则,都无法通过投票得出符合游戏规则的结果。

在公元前1世纪,罗马发生过这样一个真实的诉讼故事。古代罗马的法律传统一般是根据正义的原则,判定罪犯的罪责,并根据罪责的大小,依据正义原则进行惩罚,这种思路是现代社会欧美法系的思路。欧美国家的人一般信奉自由平等的原则,所以在诉讼里,公正就意味着一个天平式的证据衡量。而政府对个人绝不是平等的,必须严格对证据提出要求,以限制政府利用权势对个人权利的侵犯。因为他们认为,权势是靠不住的,警察是靠不住的,联邦调查局是靠不住的,司法部的检察官是靠不住的,他们的大总管美国总统和美国政府都是靠不住的。他们都需要有力量与之平衡,他们都需要制度予以制约。因此,欧美国家的人在对嫌疑犯的判决首先都是假想他没有罪,之后再用证据来一步一步证明这个人是否有罪。一旦判定有罪之后,就要根据罗马法体系,听取证词,然后从最严厉的惩罚开始寻找合适的惩罚。首先要考虑要不要判处死刑,假如不要,考虑要不要判处终身监禁。依此类推,如果没有一种刑罚合适,那么该名被告就将无罪释放。

假设有3名法官处理一个案件,3名罗马法官对一个嫌疑犯的判决意见分别是:

A法官认为被告有罪，应该被判处死刑，其次是终身囚禁。

B法官认为被告有罪，应该终身囚禁，其次是无罪释放，并坚决反对判处死刑。

C法官认为该被告无罪，应该被释放，其次是死刑，绝对不能赞同终身囚禁的判决。

这名嫌疑犯生与死的命运无疑掌握在这3个法官手中。由此，我们得到下表：

	A法官的偏好	B法官的偏好	C法官的偏好
第一选择	死刑	终身监禁	无罪释放
第二选择	终身监禁	无罪释放	死刑
第三选择	无罪释放	死刑	终身监禁

如果3个法官能够应用倒推法，正确地预料到如果被告被证明有罪，投票结果是以2:1决定判处死刑。这意味着，原本的投票其实就是要决定判处无罪释放或死刑。投票结果是以2:1决定判处无罪释放，这里B法官的宝贵一票决定了被告的判决结果。

然而，当法官们采用罗马法时，首先决定要不要判处死刑，如果死刑不成立，法官们通过倒推法意识到终身监禁将成为第二阶段的投票结果，由此投票结果是A和B法官决定判处死刑，而C法官投反对票，被告被判死刑。

如果是首先决定本案的合适惩罚，情况又有不同，仍然采用倒推法的思路，我们可以推断出该被告会被判处终身囚禁。由此看来，法庭运作方式或法律体系的不同，即使法官们都是非常公正廉洁的人，相同的案件也会出现不同的结果。

在数学上，人们已经证明出，以投票的多数规则来确定集体的选择会产生循环的结果，这就好像一只狗在追自己的尾巴，会没完没了地循环下去。结果，在这些选择方案中，没有一个能够获得多数票通过，这就是孔多塞投票悖论折射出民主制度固有的难题，所有的公共选择规则都难以避开这种两难境地。

投票制民主的局限

孔多塞所折射的民主悲剧在很多领域都会出现,在理论上,是不是可以找到好的解决办法呢?民主的本质就是每个人都有发言与选择的权利,并且对于整体是少数服从多数。从形式上看,投票制度是解决民主悲剧的最佳形式;然而从实质上看,投票制度有着根深蒂固的难以克服的内在缺陷。

我们先来看一个案例。

设想一下,有个具有民主气氛的家庭由父亲A、女儿B、母亲C组成,3个家庭成员组成家庭协调委员会协商有关购买空调的事宜。

假设存在两种购买方案,其一是在两个卧室各装一个空调,其二是在客厅买一个中央空调。不妨以数字代表A、B、C对两个方案的满意程度,比如,父亲A对两个卧室各买一个空调的满意程度为20。父亲A喜欢抽烟,如果在客厅买空调,由于爱人C的管束,就没有办法独自跑客厅抽烟过瘾,因此父亲A对仅仅买一个中央空调的满意程度为-5。

当然,如果买3个空调,如果母亲C是个节俭性格的人,她一定不会让3个空调同时开着,抽烟的问题也就迎刃而解,因此父亲A满意程度为15。

这样一来,如果两个采购方案分别进行投票表决的话,若家庭每个成员都表达真实的满意程度,两个方案都只有1票赞同,却有2票反对而不能被采纳。

然而当父亲A与女儿B私下协商,进行家庭"选票交易"时,父女二人在两个方案的选择中均投赞成票,家庭表决的结果一定是既在两个卧室各装一个空调,也在客厅买一个中央空调。

这时父亲 A 的满意程度为 15，女儿 B 的满意程度为 10，母亲 C 则是心疼不已，成为父女"私下交易"的"牺牲品"，满意程度仅为 -10 或者说是不满程度达到 10。

由此可见，投票方式的政治民主实在是知易行难，由于排名内部的模棱两可，造成狡猾的候选人有极大的操纵空间，无论什么规则都有可能扭曲选举的公平性。所以政客们嘴上说尊重人民意愿，却很难做到。宣称实行民主制度，远比实际实施民主要容易得多。

毫无疑问，任何一种"民主"形式，只要它不能有效抑制私下交易的形成和蔓延，那么终究不可能形成稳定的民主。尽管如此，以上的这些例子不过是勾结、串通、获取一定利益，但终归在形式上还是民主。

更糟糕的是，形式上的民主在一些情况下，甚至可以转化为独裁！我们来看下面这个案例。

假设有一个原始部落，总共有 100 个猎人，部落规定每次这些猎人早出晚归地打猎，并把所有打到的猎物带回部落，然后这些猎物在这 100 个猎人中平均分配。年复一年，日复一日，多少年来，多少代来，都是如此。

设想某个年代，其中一个猎人富有政治头脑，并具有与生俱来的领袖气质与领导才能。他采用各种方法，拉拢了 50 人，组成一个利益集团，并和剩下的 49 人协商，要求进行投票以确定每个猎人的打猎技术高低，以此确定猎物每个人各分多少。很自然地，以 51:49 的过半数原则，剩下的 49 人分到的猎物自然很少，不妨假设猎物的 95% 被 51 人的集团平均分享。

这个猎人当然不会就此满足，他仍然采用同样的投票表决的方法，又组成了 26 人的小集团，从新分配这 90% 的猎物。结果不妨假设 26 人集团分到了 85% 的猎物。

如果这被排挤的 25 人中胆敢有人表示不满，这个富有谋略的猎人就可以威胁冒犯者：如果不满意就通过投票让他得到的猎物更少（当然也是投票操纵，26 人集团当然是支持，而被排挤的剩下的 24 人可以告知他们可以投票分享这个冒犯者的应得猎物，自然他们会持支持态度）。

在这种情况下，这 25 人都屈服了这种分配的状况，结果猎物的绝大部分被这 26 人的联盟分享。以此类推，26 人转化为 14 人……最终的结果居然变成了极少数人甚至是这个领导者占有猎物的绝大部分。

这个时候，这个领导者可以用手中的猎物当成诱饵来招募武士保卫其特权的地位，拥有这样的特权，领导者还可以分得更多的猎物，有了更多的猎物可以招募更多的武士来维护自己的特权。

这样就形成了一个正反馈系统，两个因素之间相互不断加强，这种独裁专制的系统一直循环到这些猎人可以维持基本生存为止。读者可以看到，最不可思议的事情发生了，那就是民主投票的结果竟然是选出了希特勒、墨索里尼式的大独裁者。

实际上即使没有这些作弊方法，民主投票也不一定就是灵丹妙药。美国的大选，基本上选来选去，都是在共和党、民主党这两个大党之间作选择。究其根底，美国的这两大党派并不像有些国家的政敌那样，有着根深蒂固的矛盾与分歧。美国两大政党之间的根本理想与主张是颇为接近的。这样，大量选民在选举的时候游离于两党候选人之间，往往是不大的一点偏差就改变了选举的结果。而美国政党的加入与退出也是极其轻而易举、毫不严肃的事情，只要你愿意为某个党派交纳党费，你就是属于这个党派。因为在美国人看来，控制严密、架构完整的组织是令人感到恐惧的。

民主制度至此好像已经走进了一个死胡同。

如何达到真正的民主

通过前面的分析，我们知道，以投票制为核心的民主，并不是真正的民主，而是一种具有内在的不可调和的假民主。通过投票方式，欺骗者可以制造一种虚幻的公平与民意氛围，以此实现他的权力意志或达到其他目的，因此一些国家的民选政治的结果往往是产生无能、低效和腐败的政府。

那么，还有其他方法可以实现真正的民主吗？通往民主之路的入口到底在何方？

许多人进行了探索。有人提出了"波德数解决办法"，"打分求和法"，也有人提出了"俱乐部游戏规则"等，大家都对公共选择如何获得最优结果的问题感兴趣，但谁也提不出更有说服力的办法。

在看到所有的人为寻找"最优的公共选择原则"奔忙而无所获的时候，斯坦福大学教授肯尼思·阿罗也进行了苦心研究，在1951年出版的《社会选择与个人价值》一书中提出了一个理想选举实验。

阿罗理想选举的第一步是，投票者不能受到特定的外力压迫、挟制，并有着正常智力和理性。毫无疑问，对投票者的这些要求一点都不过分。坦白地说，如果一个投票者连这些基本要求都无法满足，那么他要么根本就不是投票而是去捣乱的，要么精神病院会是更适合他的场所。

阿罗理想选举的第二步是，将选举视为一种规则，它能够将个体表达的偏好次序综合成整个群体的偏好次序，同时满足"阿罗定理"的要求。

所谓"阿罗定理"就是：

1. 所有投票人就备选方案所想到的任何一种次序关系都是实际可

能的。也就是说，每个投票者都是自由的，他们完全可以依据自己的意愿独立地投出自己的选票而不致因此遭遇种种迫害。

2. 对任意一对备选方案 A 或 B，如果对于任何投票人都是 A 优于 B，根据选举规则就应该确定 A 方案被选中；而且只有所有投票人都有 A 与 B 方案等价时，根据选举规则得到的最后结果才能取等号。这其实就是说：全体选民的一致愿望必须得到尊重。

一旦出现 A 与 B 方案等价的情况，就意味着可能投票出现了问题。比如两个方案 A、B 受两个投票人 C、D 的选择。对 C 来说，A 方案固然更好，但 B 方案也没什么重大损失；但是对 D 来说，A 方案就是生存 B 方案就是死亡，那么让 C 和 D 两个人各自"一人一票"当然就不是公正平等的。

3. 对任意一对备选方案 A、B，如果在某次投票的结果中有 A 优于 B，那么在另一次投票中，如果在每位投票人排序中位置保持不变或提前，则根据同样的选举规则得到的最终结果也应包括 A 优于 B。这也就是说：如果所有选民对某位候选人的喜欢程度，相对于其他候选人来说没有排序的降低，那么该候选人在选举结果中的位置不会变化。

这是对选举公正性的一个基本保证。比如，当一位家庭主妇来决定午餐应该买物美价廉的好猪肉还是质次价高的陈猪肉来吃时，我们很清楚：她对好猪肉和陈猪肉的"喜爱程度"应该不可能发生什么变化——然而这一次她买了陈猪肉。这一定说明在主妇对猪肉的这次"选举"中有什么不良因素的介入。当然，如果原因其实是市场上已经百分之百都是陈猪肉，那也就意味着"选举"已经不复存在，主妇已经被陈猪肉给"专制"了。那不在我们的讨论范围之内。

4. 如果在两次投票过程中，备选方案集合的子集中各元素的排序没有改变，那么在这两次选举的最终结果中，该子集内各元素的排列次序同样没有变化。

也就是说，现在，那个买猪肉的主妇要为自己家的午餐主食作出选择，有 3 位"候选人"分别是一元钱一斤的好面粉、一元钱一斤的霉面粉和一元钱一斤的生石灰。主妇的选择排序不说也罢，一清二楚。然而现在的情况是：在生石灰先生出局之后，主妇居然选择了霉面粉！

这一定意味着有这次"选举"之外的因素强力介入。

比如主妇的单位领导是这家霉面粉厂家老板的姐夫之类,所以为了照顾小舅子就强制要求属下员工必须每月购买 200 斤"指定产品"——霉面粉,不然就不发工资,还给"穿小鞋""揪小辫子"。阿罗定理 3 和 4 的结合也就意味着:候选人的选举成绩,只取决于选民对他们作出的独立和不受干预的评价。

5. 不存在这样的投票人,使得对于任意一对备选方案 A、B,只要该投票人在选举中确定 A 优于 B,选举规则就确定 A 优于 B。也就是说,任何投票者都不能够凭借个人的意愿决定选举的最后结果。

这 5 条法则无疑是一次公平合理的选举的最基本的要求。

然而,阿罗发现:当至少有 3 名候选人和两位选民时,不存在满足阿罗定理的选举规则,也即"阿罗不可能定理"。

即便在选民都有着明确、不受外部干预和已知的偏好,以及不存在种种现实政治中负面因素的绝对理想状况下,同样不可能通过一定的方法从个人偏好次序得出社会偏好次序,不可能通过一定的程序准确地表达社会全体成员的个人偏好或者达到合意的公共决策。

人们所追求和期待的那种符合阿罗定理五条要求的最起码的公平合理的选举居然是不可能存在的。这无疑是对票选制度的一记最根本的打击。更通俗的表达则是:当至少有 3 名候选人和两位选民时,不存在满足阿罗定理的选举规则,也就是:随着候选人和选民的增加,"形式的民主"必将越来越远离"实质的民主"。

通往民主之路的探索再一次遭到失败。

阿罗不可能定理

人类想出的任何办法，都注定无法依赖票选民主的手段达到实质民主的目的，因为问题就出在选举制度本身，这也是阿罗通过一系列的试验之后得出的一个无奈的结论，人们叫它"阿罗不可能定理"。

西方哲学大师苏格拉底之死，是对阿罗不可能定理一个绝佳的证明。口若悬河的大哲学家苏格拉底，是一个在西方文化中不亚于孔圣人的天才人物。苏格拉底因言出名，也因言获罪。据史书记载，获罪的苏格拉底面临着公民大会的判决。此次公民大会也经历了初审和复审，初审中500个公民进行了投票，结果是280票对220票判处苏格拉底有罪。复审是决定苏氏是否该判死刑，复审之前，苏氏有为自己脱罪的辩护权利，希腊民众不仅没有被苏格拉底的口才征服，反而被激怒，结果是以360∶140票判处苏格拉底死罪。

这就是希腊的民主。这种民主，被认为比现代西方民主更为先进的民主形式。但是，这种先进的民主，仍然从肉体上，把一个对西方社会作出巨大贡献的巨人碾作了尘土。

阿罗不可能定理，是博弈论里一个毁灭性的发现，它打破了那些被人们认为真理的观点，也让我们对公共选择和民主制度有了新的认识。

首先，多数不一定正确，至少有时，真理是掌握在少数人手里的。

其次，民意容易受到操纵和利用，不要忘了，希特勒正是通过蛊惑人心的本领被选举上台的。

最后，民主并不像卢梭所说的那样足以达到"公共意志"，它最大的积极之处是如波普尔所言的防止"最坏"情况的发生。因此，它的天然合理性是有限度的。

现在全世界的学者们——数学的、政治的、哲学的和经济学的——都在试图挽救阿罗的这个毁灭性发现中能够挽救出的东西。对数学政治来说，这一发现就是1931年库尔特·哥德尔的数学逻辑的不可能证明一致性定理。著名经济学家萨缪尔森说，如果说世界上真正懂得相对论的人只有12个是句夸张的话，那么，说世界上真正懂得阿罗不可能定理的人不到12人，这倒是一个不争的事实。

第二十一章

行动与命运

> 决定命运的是选择以及为之付出的行动,可以这样说你今天的生活是由3年前所作出的选择和规划决定的;而今天的抉择,既将决定你将来的生活,也会影响你最终离开人世时的样子,甚至决定了你的墓志铭该如何书写。行动起来吧!命运掌握在你自己手中。

用智慧分解目标

1984年,在东京国际马拉松邀请赛中,名不见经传的日本选手山田本一出人意料地夺得了世界冠军。当记者问他凭什么取得如此惊人的成绩时,他说:凭智慧战胜对手。

当时许多人认为这个获得第一的矮个子选手是在故弄玄虚。马拉松赛是比拼体力和耐力的运动,只要身体素质好又有耐性就有望夺冠,爆发力和速度都还在其次,说用智慧取胜确实有点勉强。

两年后,意大利国际马拉松邀请赛在意大利北部城市米兰举行,山田本一代表日本参加比赛。这一次,他又获得了世界冠军。记者又请他谈谈经验。

山田本一不善言谈,回答的仍是上次那句话:用智慧战胜对手。这回记者在报纸上没再挖苦他,但对他所谓的智慧迷惑不解。

10年后,这个谜终于被解开了,他在自传中是这么说的:每次比赛之前,我都要乘车把比赛的线路仔细地看一遍,并把沿途比较醒目的标志画下来,比如第一个标志是银行,第二个标志是一棵大树,第三个标志是一座红房子……这样一直画到赛程的终点。比赛开始后,我就以百米的速度奋力地向第一个目标冲去,等到达第一个目标后,我以同样的速度向第二个目标冲去。40多公里的赛程,就被我分解成这么几个小目标轻松地跑完了。起初,我并不懂这样的道理,我把我的目标定在40多公里外终点线上的那面旗帜上,结果我跑到十几公里时就疲惫不堪了,我被前面那段遥远的路程给吓倒了。

目标的力量是巨大的。目标应该远大,才能激发你心中的力量,但是,如果目标距离我们太远,我们就会因为长时间没有实现目标而气馁,甚至会因此而变得自卑。山田本一为我们提供了一个实现远大目标的好方法，那就是在大目标下分出层次，分步实现大目标。

其实这种方法，也是博弈论中"自组织临界"理论的一种应用。远景目标就像人面前的一座大山，想解决它是难上加难，如果你尝试将目标分解成一个一个的小目标，就会驱除自己的畏难心理，坚定勇敢地为了目标而努力。

你可以把自己的目标想象成一个金字塔，塔顶是你的人生目标。你定的每一个目标和为达到目标而做的每一件事情都必须指向你的人生目标。

金字塔由5层组成。最上的一层最小，是核心。这一层包含着你的人生总体目标。下面每一层是为实现上一层的较大目标而要达到的较小目标。这5层可以大致表述如下：

1. 人生总体目标

这包含你的一生要达到的2~5个目标，如果你能达到或接近这些目标，就是尽了全力实现你自己定下的人生目标了。

2. 长期目标

这是你为实现每一个人生总目标而制定的目标。一般来说，这些是你计划用10年时间做到的事情。虽然你可以规划10年以上的事情，但这样分配时间并不具体，夜长梦多。但制定长期目标是重要的，没有长期目标，你就可能有短期的失败感。

3. 中期目标

这是你为达到长期目标而定的目标。

一般来说，这些是你计划在5~10年内做的事情。

4. 短期目标

这是你为达到中期目标而定的目标。实现短期目标的时间为1~5年。

5. 日常规划

这是你为达到短期目标而定的每日、每周及每月的任务。

虽然制定短期目标一直是奋斗者的主要策略，但是很多人不太懂得如何制定目标。

短期目标界定什么重要、什么不重要，它使我们集中力量努力完成每一阶段的目标。短期目标是动用人力去取得特殊结果的基本工具。

人生中每一个问题的解决，并不在于一蹴而就，而在于步步为营，从冷静沉着中寻找出可行的办法。

卡耐基在一次演讲时曾说："因为胸有成竹，所以不轻举妄动。时机尚未成熟便想一步登天，结果成事不足，败事有余。"

《圣经·旧约》中记载：阿十西德无论走到哪里，都播下苹果种子。希望我们能向他看齐，不过，我们播的是成功的种子，无论走到哪里，都要为成功播种，然后证实其有足够的时间茁壮成长，你便有了成功的果实。

当然，越快成功越好，但是不要操之过急。操之过急的人，往往会有麻烦。避免麻烦比摆脱麻烦容易得多。所以，人要想顺利地、轻松地实现"未来远景"，就必须一步一个脚印，制定每一个事业发展阶段的"短期目标"。这样，你就可以踏着这些台阶，达到成功的目标了。

如何有效遏制拖延

人们大都有过类似的经验，可能会对那些他们需要在目前重点关注的任务进行拖延，转而去做那些对他们来说更加有趣或者更加舒服的事情。拖延者的工作时间并不比他人要少，但是他们在不重要的事情上投入了过多的宝贵时间。哈佛大学人才学家哈里克说："世上有93%的人都因拖延的陋习而一事无成。"

怎样才能克服拖延的习惯呢？不管是什么原因，这些原因都必须在你错失潜在机遇或者损害到你的职业生涯前被识别、处理并被有效控制。

当然，你不必非要等到新年来临才能下一番决心。比如要克服赖床的习惯，每天晚上，你可能决心第二天清晨早起，使这一天有一个良好的开端。但是根据过往的经验，你很清楚，当第二天清晨来临时，你会更愿意在床上再赖半小时或者更长时间。这是夜间坚决的自己与清晨意志薄弱的自己之间的一个博弈。

在这个博弈中，清晨的自己具有后行动的有利条件。但是，夜间的自己可以通过设定闹钟来改变博弈，以创造成为先行者的有利条件。这种做法被看作一种承诺，承诺闹铃一响就起床。夜间的自己还可以通过把闹钟放在房间里的衣柜上，而不是放在床头柜上，使承诺可信，这样，清晨的自己将不得不下床去关闹钟。如果这还不行，清晨的自己又直接跌跌撞撞地回到床上，那么，夜间的自己就必须想出另外的方法，或许可以使用一个同时开始煮咖啡的闹钟，这样，诱人的清香就会诱惑清晨的自己起床。

上面这个例子很好地解释了，怎样使自己克服拖延的承诺可信，必须想方设法使策略行动在特定情形下可信。

控制并最终能够对抗拖延习惯的关键，是你必须意识到拖延的确发生了，然后了解拖延为什么会发生，并采取积极的手段管理您的时间。

第一步：认识到你正在拖延

诚实地审视自我，了解自己什么时候开始拖延任务。但是，首先你必须明确任务的优先次序，暂时搁置那些不重要的事情不算拖延，这往往是一个很好的区分优先次序的动作。利用任务优先矩阵来展示任务的优先顺序，然后每天按照经过优化过的任务清单开展工作。

第二步：认识你拖延的原因

拖延的原因有可能是在于你自身或者在于被拖延的任务。但最重要的是必须了解在各种形式下拖延的原因，这样你才能选择最好的策略加以克服。很多原因可以被归结为两个主要的原因：

你发现任务本身没有吸引力；或者你发现任务困难度很大。

第三步：克服拖延

如果你仅仅因为不想做某件事而拖延，同时你不能够将任务委派，那么你需要寻找能够激励你的一些方法，以下一些办法可以帮到你：

1. 自我奖励：承诺给自己一个很棒的礼物；

2. 要求某人检查你的工作。这种方法在减肥项目中经常被使用，来自他人的压力有时候显得更重要；

3. 识别拖延后的严重后果；

4. 计算你工作时间的成本：你的雇主因为你能够帮助其解决重要的事情而付给你工资，如果你不去做那些重要的事情，你就不是在为你的雇主创造价值。

如果你因为某个任务困难而拖延，那么你就需要采取另外一些策略：将任务进行分解，分解为可以被单个完成的行动计划，迅速针对那些小问题开展工作。尽管某些任务的逻辑次序不一定正确，但是这样，你就能够感觉到你正在取得一些成功，或者感觉到大任务本身可能也并不是无法被完成的。

认识到你正在拖延，并识别拖延的原因，采取积极的手段以克服困难，正确的方法是培养良好的时间管理与组织技能以及高效工作的

第二十一章 行动与命运

习惯。

假使对某一件事,你发觉自己有了拖延的倾向,你就应该立即努力改变它,不管这件事情如何困难,都要立刻动手去做。不要畏难,将拖延当作你最可怕的敌人,因为它要盗窃去你的时间、品格、能力、机会与自由,使你成为它的奴隶。要医治拖延的习惯,最关键的一点,就是事务当前,立刻动手去做。

置之死地而后生

罗斯曼是一位来自德国的移民,他刚到美国迈阿密的时候,为了糊口,给人拿行李、发传单、洗盘子、扮招徕顾客的小丑以及活雕塑……后来,他在一家酒吧做侍应生时,看见报纸上一家公司的招聘启事。他权衡了一下,就去应聘。

他过关斩将,眼看就要得到那份年薪几万美元的职位了,经理问他:"你有车吗?你会开车吗?我们这份工作要时常外出,没有车寸步难行。"

美国是车轮上的国家,公民普遍都有私家车,没车的人寥寥无几。可罗斯曼刚到美国不久,哪里有钱买车学车呢?

但他不愿意浪费这次机会和自己为之付出的努力,定了定神后马上回答:"我有!我会!"

经理说:"那好吧,你被录取了。4天后,开车来上班。"

他非常珍惜这个机会,他费尽千辛万苦,辗转从一位朋友那里借了几千美元,在旧车市场淘了一辆二手车。第一天他跟朋友学简单的驾驶技术,第二天在一块大草坪上摸索练习,第三天歪歪斜斜地开着车上了公路,到了第四天,他居然驾车去公司报到了。时至今日,他已是这家公司的人事主管了。

罗斯曼虽然没有车,也不会开车,但仍然回答经理:"我有!我会!"这显然是他进行利益权衡后所选择的策略。因为他已经为这份工作付出了大量的努力,而且这份工作的薪水对他来说非常有吸引力。他正确地计算了自己为之付出的成本,以及得到工作之后的收益,更重要的是他明白自己到底想要什么。

当你在一堵高墙前犹豫不决时,不妨先把帽子扔过墙去。将帽子扔过墙去，就意味着你别无选择，为了找回帽子，你必须翻越这堵高墙，毫无退路可言。正是面临这种无退路的境地时，人们才会集中精力奋勇向前。不给自己留退路，从某种意义上讲，也是给自己一个向目标冲锋的机会。

先将帽子扔过墙，就是故意给自己制造沉没成本，从而强迫自己去成功。但选择先将帽子扔过墙的策略，首先这必须是理性权衡之后的结果，确定自己翻过墙之后的收益大于"扔帽子"造成的沉没成本。所谓沉没成本，是指已经发生、不可收回的支出，但你如果对沉没成本过分眷恋，就会继续原来的错误，造成更大的损失。

从理性的角度来说，沉没成本不应该影响我们的决策，然而，我们常常由于想挽回沉没成本而作出很多不理性的行为，从而陷入欲罢不能的泥潭，而且越陷越深。

既然人们常常会陷入沉没成本误区，那我们也可以巧妙地利用沉没成本谬误。罗斯曼就是成功地利用了沉没成本，从而强迫自己成功。

因为沉没成本的存在，常会造成很多欲罢不能的困境。但是碰到一些不理性的放弃冲动时，沉没成本又可以把你往理性的方向拉一把，这时候它可以使人们的行为更加有目的性。

尼亚是一位略显肥胖的姑娘，她一直想减肥，经常为自己制订健身计划，比如每周至少去3次健身俱乐部跳有氧操，但是她经常都不能按原锻炼计划实施。因为总是有很多事情占用掉她的时间。她对此非常苦恼，但又感觉无力改变这种情况。

后来，她在哈佛大学读经济的表弟给她支了一招——那就是给她自己制造一个沉没成本：在每月初甚至每个季度初把所有费用预先支付，并且不可以退费，这样在嫌麻烦不愿意去锻炼的时候，就会因为已经付了钱而改变主意，强迫自己去健身。

减少失败概率

马克教授是哈佛大学著名的心理学教授,他在给研究生上课的时候,曾向学生提出如下问题:"你们谁希望写出美国最伟大的小说?""谁将成为伟大的总统?""谁渴望成为一个圣人?"……

学生们面对这些问题,通常的反应或者是咯咯地笑,或者是面红耳赤,或者是不安地蠕动。

马克教授又问:"你们正在悄悄计划写一本什么伟大的心理学著作吗?"学生们通常红着脸、结结巴巴地搪塞过去。

教授继续问:"你们难道不打算成为心理学家吗?"

有人回答:"当然想啦!"

马克教授说:"你是想成为一位沉默寡言、谨小慎微的心理学家吗?那有什么好处?那并不是一条通向自我实现的理想途径。"

面对马克教授提出的这些咄咄逼人的关于自我实现的问题,学生们大都表现得羞怯不安。这种对最高成功、对神一样伟大的可能既追崇又害怕的心理,称为"约拿情结"。这种"对自身伟大之处的恐惧"的情绪状态,往往导致我们不敢去做自己本来能够做得很好的事情,甚至逃避发掘自己的潜能。

决定命运的是选择,什么样的选择决定了什么样的生活。而选择是权衡的结果。你选择成为"伟大"之人,是因为你相信自己有成为"伟大"之人的能力。而约拿情结会有损一个人在权衡自己未来发展方向时的理性和勇气,所以必须对这一情结有充分的认识,并加以克服。

毫无疑问,"约拿情结"是我们平衡自己心理压力的一种表现,也是为自己即将失败寻找理由。但成功是选择的结果,成功从来都不会自动找上门来。如果你选择做一个成功的人,那就意味着你选择了在今后很长一段时间内持续地付出艰辛的努力，要面对许多无法预料的变化，并承担可能导致失败的风险。

人之所以不可能成为上帝，关键并不在于做不到，而是在于害怕。面临机会的时候，要选择相信自己，勇于打破约拿情结的困扰，勇于承担责任和压力。你必须清楚地认识到，你所坚信的最终都会成为现实。

能够战胜"约拿情结"的，唯有广博而深湛的爱。正如约拿最后以对上帝的爱战胜了对尼尼微城的恨一样，如果我们选择爱自己，爱真理，则我们虽无法完全超脱内在的恐惧，仍能在勇气的陪伴下不断前行。

人生就是一个不断选择的过程，而作选择，首先就必须明确自己的目标，知道自己真正想要什么。时刻想着自己的目标，想着如何实现它，想象实现目标之后自己会如何快乐和满足，而不是时刻为失败的风险担惊受怕，因为在吸引力法则的作用下，你害怕什么，什么就会成为现实。